电力电缆特种作业人员
安全技术 培训教材

国网浙江省电力有限公司 组编

中国电力出版社

内 容 提 要

本书主要围绕电力电缆特种作业的内容展开,包括第一章电力电缆基础知识、第二章电力电缆敷设、第三章电力电缆附件、第四章电力电缆的运行与检修。对电力电缆作业相关知识进行了深入分析、讲解,内容丰富、通俗易懂。

本书理论结合实际,具有较强的系统性、实用性和针对性。可供从事电力电缆特种作业的人员使用。

图书在版编目(CIP)数据

电力电缆特种作业人员安全技术培训教材 / 国网浙江省电力有限公司组编. -- 北京:中国电力出版社,2024. 12. -- ISBN 978-7-5198-9339-2

Ⅰ. TM247

中国国家版本馆 CIP 数据核字第 20241U49U7 号

出版发行:中国电力出版社
地　　址:北京市东城区北京站西街 19 号(邮政编码 100005)
网　　址:http://www.cepp.sgcc.com.cn
责任编辑:穆智勇　张冉昕(010-63412364)　代　旭
责任校对:黄　蓓　马　宁
装帧设计:张俊霞
责任印制:石　雷

印　　刷:廊坊市文峰档案印务有限公司
版　　次:2024 年 12 月第一版
印　　次:2024 年 12 月北京第一次印刷
开　　本:710 毫米×1000 毫米　16 开本
印　　张:11.25
字　　数:168 千字
印　　数:0001—1000 册
定　　价:55.00 元

版 权 专 有　侵 权 必 究

本书如有印装质量问题,我社营销中心负责退换

编写人员

翟瑞劼　龚永铭　李盛兴　阮　祥
洪杨欢　张　佳　赵志勇

前　言

根据《中华人民共和国安全生产法》以及《特种作业人员安全技术培训考核管理规定》等法律法规要求，为规范浙江省特种作业人员安全技术培训工作，提高特种作业人员安全技术理论知识和实际操作水平，特写了编写《电力电缆特种作业人员安全技术培训教材》。

本教材根据《电力电缆作业人员安全技术培训大纲和考核标准》组织编写，包括电力电缆作业相关知识和电力电缆作业专业知识两大部分，介绍了电力电缆基础知识、电力电缆敷设、电力电缆附件、电力电缆的运行与检修等电力电缆作业知识，内容深入浅出，通俗易懂，具有较强的系统性、实用性和针对性。

参与此次编写的人员有翟瑞劼、阮祥、龚永铭、李盛兴、洪杨欢、张佳、赵志勇。

此次修订限于编写时间和编写人员的水平，书中存在不足之处在所难免，敬请广大读者批评指正，以便及时修订和完善。

编　者
2024 年 8 月

目 录

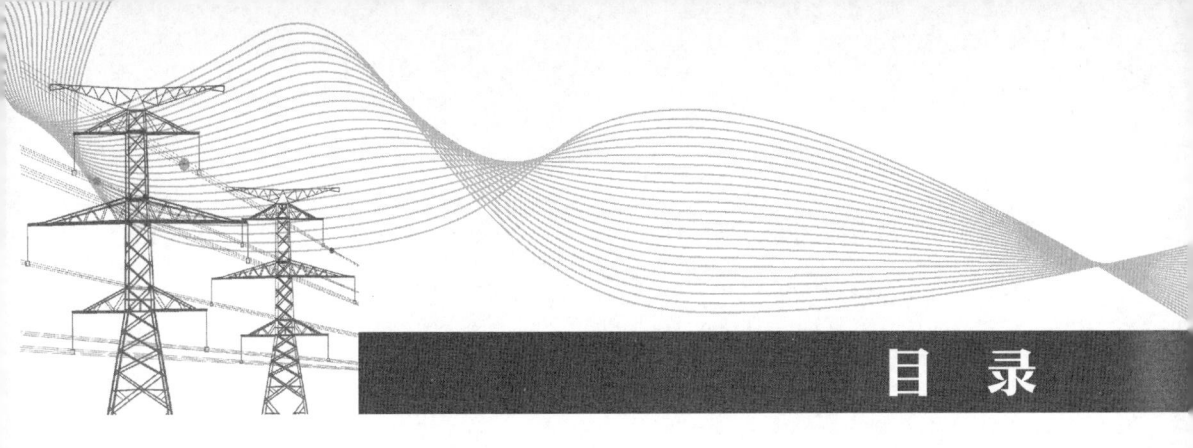

前言

第一章　电力电缆基础知识 …………………………………………… 1
　　第一节　电力电缆的作用和特点 ………………………………… 1
　　第二节　电力电缆的种类和结构 ………………………………… 6
　　第三节　电力电缆的型号和应用 ………………………………… 24
　　第四节　电力电缆的材料 ………………………………………… 27
　　第五节　电力电缆绝缘 …………………………………………… 46

第二章　电力电缆敷设 ………………………………………………… 57
　　第一节　电力电缆敷设的基本要求 ……………………………… 57
　　第二节　电力电缆敷设方式 ……………………………………… 60
　　第三节　电力电缆敷设的工器具 ………………………………… 68
　　第四节　电力电缆敷设的保障措施 ……………………………… 72

第三章　电力电缆附件 ………………………………………………… 80
　　第一节　附件的分类和作用 ……………………………………… 80
　　第二节　电缆附件的制作 ………………………………………… 104
　　第三节　电缆线路绝缘摇测及核相 ……………………………… 123

第四章　电力电缆的运行与检修…………………………………………… 133
　　第一节　电力电缆线路的验收………………………………… 133
　　第二节　电缆线路状态检修…………………………………… 142
　　第三节　电缆线路故障及处理………………………………… 151

第一章

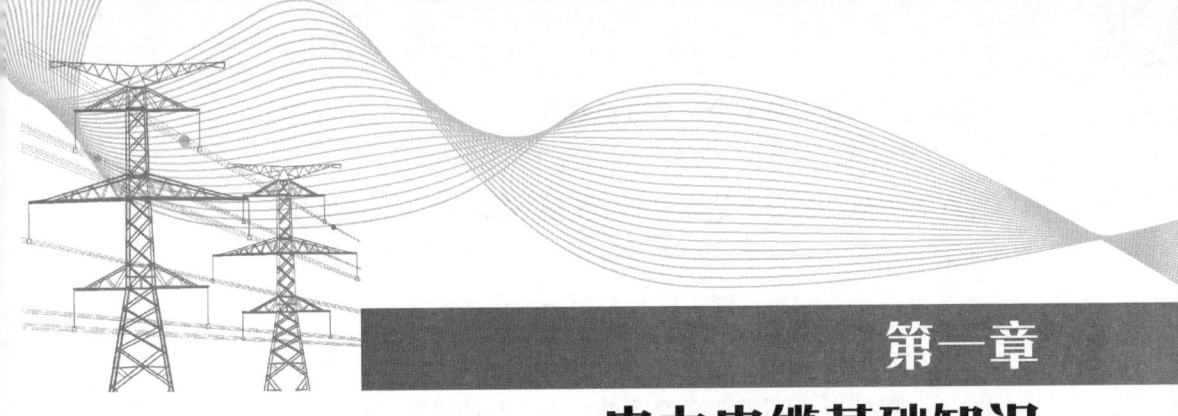

电力电缆基础知识

第一节　电力电缆的作用和特点

一、电力电缆的作用

什么是电缆？用一句通俗的话说，就是采用一根或多根导线经过绞合制作成导体线芯，再在导体上施以相应的绝缘层，外面包上密封护套，如铅护套、铝护套、铜护套、不锈钢护套或塑料、橡胶护套等，这种类型的导线就叫做电缆。电缆的种类很多，在电力系统中，应用最多的电缆有两大类，即电力电缆和控制电缆。把用于输送和分配大功率电能的电缆叫电力电缆。

正如在自来水供水系统中，水要通过管道才能供给人们使用，同样的，电能也需要通过架空线路、电缆才能输送和分配给各种用户。电力电缆能够把发电厂发出的电能输送到远方的变电站、配电室及用户的各种变、配和用电设备。

电力电缆线路作为电网中输送和分配电能的主要方式之一，起着架空线路所无法替代的重要作用，主要优点如下：

（1）由于线间绝缘距离很小，可以缩小空间，减少占地。

（2）可沿已有建筑物墙壁或地下敷设，电缆做地下敷设，不占地面和地面上的空间，不用在地面架设杆塔和导线，有利市容整齐美观。

（3）不受外界环境影响，可避免因强风、雷击、雨雪、污秽和鸟等造成架空线路的短路和接地等故障，大大提高供电可靠性。

（4）导体线芯外面有绝缘层和保护层，使人们不会直接触及导电体，避免人身直接触电，有利于保证人身安全。

（5）运行安全可靠，减少运行维护的工作量。

（6）电缆的电容较大，电缆线路本体呈容性，有利于提高电力系统的功率因数。一般情况下不需要采取改善功率因数的措施。所以，电缆线路特别适合应用于：

1) 输电线路密集的发电厂和变电站，位于市区的变电站和配电所。

2) 国际化大都市，现代大、中城市的繁华市区、高层建筑区和主要道路。

3) 建筑面积大、负荷密度高的居民区和城市规划不能通过架空线路的街道或地区。

4) 重要线路和重要负荷用户。

5) 重要风景名胜区。

因此，在人口稠密的城市和厂房设备拥挤的工厂，为减少占地，多采用电缆；在严重污秽地区，为了提高送电的可靠性，多采用电缆；对于跨越江河的输电线路，跨度大，不宜架设架空线路，也多采用电缆；有的从国防工程的需要出发，为避免暴露目标而采用电缆；有的为建筑美观而采用电缆，也有的为减小电磁辐射，降低电磁污染而采用电缆。总之，电缆已成为现代电力系统不可或缺的组成部分。

电力电缆作为输、配电线路，主要可分为三种类型：

（1）地下输、配电线路。这种线路的电缆敷设方式有直埋、排管和填埋电缆沟。

（2）水下输电线路。水下输电线路是将电缆敷设于江、河、湖水底或海洋水底。

（3）空气中输、配电线路。空气中输、配电电缆敷设方式有敷设在厂房、沟道、隧道内、竖井中、桥梁桥架上及架空电缆等。

二、电力电缆的特点

1. 概述

输送电能的线路有架空线路和电力电缆两种，两者的主要区别是电力电缆具有绝缘层和保护层，而架空线路没有，一般靠空气自然绝缘和隔离。架空线路与电力电缆相比，各有其特点。架空线路主要以铝为导体，具有结构简单、制造方便、造价相对便宜和便于检修等优点。而电力电缆线路一般直埋于土壤中或敷设于排管、电缆沟、隧道中，不用杆塔，占用地面和空间少；受气候和周围环境条件的影响小，供电可靠；安全性高；运行简单方便；维护费用低；能使市容整齐美观。电力电缆线路的特点具体体现在以下4个方面：

（1）由于城市的发展，使得城市的用电密度增高，用电量越来越大。因为架空线路受到大城市地面、空间、环境保护以及供电安全的限制，因此进入市区的输、配电线路只能入地，采用电缆进入地下，并发展成为电缆配电网络。即使是中等城市，采用地下电力电缆线路，来代替架空线路的，也日渐增多。20世纪80年代后，北京、上海等城市在对城市电网进行改造的过程中，大量使用了电力电缆。

（2）一些发电厂、变电站特别是水电站，由于受地形、环境和建筑的限制，使得进出线走廊拥挤，或者架空线路方案难于实施，因此只得采用电力电缆线路作为进出线或电站内部的联络线路。

（3）输电线路跨越江、河、湖泊、海洋等而不能用架空线路时，采用在桥上或水底敷设电力电缆实现电力输送。

（4）现代化的钢铁、石化、矿山企业及大型体育场馆、饭店和民用机场、铁路、地铁等交通单位的用电量很大，这些工厂与场所的输、配电线路和对厂内机器设备的供电，都需要采用电缆线路。电力电缆的需用量是很大的，例如一个100MW的发电厂，需要电缆的总长度可达70km，其中电力电缆约为30km。容量更大的火电厂或其他大型工厂，电缆的用量将达100km以上。

2. 电缆线路的优点

（1）占用地面和空间少。这体现了电缆线路最突出的优点。如一个110kV及以上进线的普通变电站常有四五十条的10、35kV出线，如果全部采用架空线路出线的话，为了安全与检修方便就不能过多的进行同杆架设（不能重叠过多），这么多的架空线路走廊所需占地简直是超乎想象的，也是不可能的。现在城市里的地价越来越高,为了少占地,变电站设备一般都采用气体绝缘开关设备(gas insulated switchgear,GIS),变电站外楼房林立,根本没有架空线路走廊,如果采用电缆线路,只需建设一条隧道或者排管就能将全部出线容纳。又如机场、港口等无法用架空线路的地方,只能用电缆来供电,因而电缆越来越被广泛使用。

(2)供电安全可靠。架空线路易受强风、暴雨、雪、雷电、污秽、交通事故、放风筝、外力损坏和鸟害等自然或人为的外界影响,造成断线、短路、接地而停电或其他故障。而电缆线路除了露出地面暴露于大气中的户外终端部分外,其他部分不会受到自然环境的影响,外力破坏也可减少到较低的程度,因此电缆线路供电的可靠性好。

(3)触电可能性小。当人们在架空线路附近或下面放风筝、钓鱼或起重作业时,就有可能触及导体而触电,而电缆的绝缘层和保护层保护人们即使触及了电缆也不会触电。架空线路断线时常常会引发人、畜触电伤亡事故,而电缆线路埋于地下,无论发生何种故障,由于带电部分在接地屏蔽部分和大地内,只会造成跳闸,不会对人、畜有任何伤害,所以比较安全。

(4)有利于提高电力系统的功率因数。架空线路相当于单根导体,其电容量很小(可忽略不计),呈感性电路的特征,远距离送电后,功率因数明显下降,需采取并联电容器组等措施来提高功率因数。而电缆的结构相当于一个电容器,如一条长 1km 的 10kV 三芯($240mm^2$)电缆,其电容量达 $0.58μF$,相当于一台 31kvar 的电容器组,因此电缆线路整体特征呈容性,有较大的无功输出,对改善系统的功率因数、提高线路输送容量、降低线路损耗大有好处。

(5)运行、维护工作简单方便。电缆线路在地下,维护量小,故一般情况(充油电缆线路除外)只需定期进行路面观察、路径巡视、防止外力损坏及 2~3 年做一次预防性试验即可,而架空线路易受外界影响和污染,为保证安全、可靠地供电,必须经常做维护和试验工作。

(6)有利于美化城市,具有保密性。架空线路影响城市的美观,而电缆线路埋于地下,街道易整齐美观,并且在没有图纸情况下,一般是无法知道其走向的，因此需要进行保密的工程，均采用电缆线路来进行供电。

3. 电缆线路的缺点

（1）一次性投资费用大。在同样的导线截面积情况下，电缆线路的输送容量比架空线路小。如采用成本最低的直埋方式安装一条 35kV 电缆线路，其综合投资费用为相同输送容量架空线路的 4～7 倍。如果采用隧道或排管敷设综合投资在 10 倍以上。

（2）线路不易变更。电缆线路在地下一般是固定的，所以线路变更的工作量和费用是很大的。因电缆绝缘层的特殊性，来回搬迁将影响电缆的使用寿命，故安装后不易再搬迁。

（3）线路不易分支。一条供电线路往往需连接很多用户，在架空线路上可通过分支线夹或绑扎连接进行分支接到用户。然而，进行电缆线路的分支，必需建造特定的保护设施，采用专用的分支中间接头进行分支，或者在特定的地点采用电缆分接箱和环网柜，制作电缆终端进行分支。

（4）故障测寻困难、修复时间长。架空线路发生故障时，通过直接观察一般都能找到故障点，并且在较短时间内即可修复。而电缆线路在地下，故障点是无法直接看到的，必须使用专用仪器进行粗测（测距）、定点，并且有一定专业技术水平的人员才能测的准确，结合竣工图纸才能精确定点，比较费时。而且找到故障点后还要挖出电缆，做接头和进行试验，一般修复时间比较长。对于敷设于隧道、电缆沟中的电缆，虽然可以直接看到故障点，但重新敷设电缆、做接头和试验的时间也是比较长的。

（5）电缆接头附件的制作工艺要求高、费用高。电缆导电部分对地和相间的距离都很小，因此对绝缘强度的要求就很高。同时为了使电缆的绝缘部分能长期使用，故又需对绝缘部分加以密封保护，对电缆接头附件也必须同样要求密封保护，为此电缆的接头制作工艺要求高，必须由经过严格技术培训的专业人员进行，以保证电缆线路的绝缘强度和密封保护的要求。电缆接头附件安装后，无法用肉眼检查其内在质量，故要求工作人员必须具有相当高的技术水平，而且还要有高度的工作责任心。

第二节　电力电缆的种类和结构

一、电力电缆的种类

随着电力电缆应用范围的不断扩大和电网对电力电缆提出的新要求，制造电力电缆的新材料、新工艺不断出现，电缆的电压等级逐渐增高，功能不断增强和细分，电力电缆的品种越来越多。电力电缆可以有多种分类方法，如按电压等级分类、按导体标称截面积分类、按导体芯数分类、按绝缘材料分类、按功能特点和使用场所分类等。

1. 按电压等级分类

电缆的额定电压以 U_0/U（U_m）表示。其中：U_0 表示电缆导体与金属屏蔽之间的额定电压；U 表示电缆导体之间的额定电压；U_m 是设计采用的电缆任何两导体之间可承受的最高系统电压的最大值。其中电压等级为 0.6/1、3.6/6、6/10、21/35、36/63、64/110、127/220kV 的电缆适用于变压器中性点直接接地且每次接地故障持续时间不超过 1min 的三相电力系统，而电压等级为 1/1、6/6、8.7/10、26/35、48/63kV 的电缆适用于变压器中性点不接地或非直接接地且每次接地故障持续时间一般不超过 2h、最长不超过 8h 的三相电力系统。

从施工技术要求、电缆中间接头、电缆终端结构特征及运行维护等方面考虑，同时为了交流的方便，也可以依据电压范围粗略进行分类：

（1）低压电力电缆（1kV）；

（2）中压电力电缆（6～35kV）；

（3）高压电力电缆（110kV）；

（4）超高压电力电缆（220～500kV）。

2. 按导体标称截面积分类

电力电缆的导体是按一定等级的标称截面积生产制造的，这样做是为了形成一定的规范，既便于制造，也便于施工。

我国电力电缆标称截面积系列分为 1.5、2.5、4、6、10、16、25、35、

50、70、95、120、150、185、240、300、400、500、630、800、1000、1200、1400、1600、1800、2000、2500mm^2，共 27 种。高压和超高压电力电缆标称截面积系列分为 240、300、400、500、630、800、1000、1200、1600、2000、2500mm^2，共 11 种。

在选择电缆导体的截面积时，能采用一个大的截面积电缆时，就不要采用两个或两个以上的小截面积电缆来代替。

3. 按导体芯数分类

电力电缆导体芯数有单芯、二芯、三芯、四芯和五芯，共 5 种。单芯电缆通常用于传送直流电、单相交流电和三相交流电，一般中、低压大截面积的电力电缆和高压、超高压电缆多为单芯。二芯电缆多用于传送直流电或单相交流电。三芯电缆主要用于三相交流电网中，在 35kV 及以下各种中小截面积的电缆线路中得到最广泛的应用。四芯和五芯电缆多用于低压配电线路，随着 TN-S 保护系统推广和普及，五芯低压电缆的应用比四芯低压电缆的应用会更多一些。一般情况下，只有 1kV 电压等级的电缆才有二芯、四芯和五芯。

4. 按绝缘材料分类

（1）挤包绝缘电力电缆。挤包绝缘电力电缆包括聚氯乙烯绝缘电力电缆、交联聚乙烯绝缘电力电缆、聚乙烯绝缘电力电缆、橡胶绝缘电力电缆。挤包绝缘电力电缆制造简单，质量轻，终端和中间接头制作方便，施工和运行时允许弯曲半径小，敷设安全，维护量小，并具有耐化学腐蚀和一定的耐水性能，适用于高落差和垂直敷设。聚氯乙烯绝缘电缆、聚乙烯绝缘电缆一般多用于 10kV 及以下的电缆线路中；交联聚乙烯绝缘电缆多用于 6kV 及以上乃至 110～500kV 的电缆线路中；橡胶电力电缆由于其柔性特别好，适用于 35kV 及以下的线路中，特别适用于发电厂、变电站、工厂企业内部的连接线，矿山、船舶等场所以及其他经常移动的电气设备。

（2）油浸纸绝缘电力电缆。油浸纸绝缘电力电缆是历史上应用最广泛的一种电缆。油浸纸绝缘电力电缆的绝缘是一种复合绝缘，它是以纸为主要绝缘体，用绝缘浸渍剂充分浸渍制成的。

（3）压力电缆。压力电缆是在电缆中充以能流动并具有一定压力的绝缘油或气体的电缆。在制造和运行过程中，油浸纸绝缘电力电缆的纸层间不可避免地会产生气隙。气隙在电场强度较高时，会出现游离放电，最终导致绝缘层击穿。压力电缆的绝缘处在一定压力（油压或气压）下，抑制了绝缘层中形成气隙，使电缆绝缘工作场强明显提高，可用于 63kV 及以上电压等级的电缆线路。为了抑制气隙，用带压力的油或气体填充绝缘，是压力电缆的结构特点。按填充压缩气体与油的措施不同，压力电缆可分为自容式充油电缆、充气电缆、钢管充油电缆和钢管充气电缆等。

5. 按功能特点和使用场所分类

（1）阻燃电力电缆。普通电缆的绝缘材料有一个共同的缺点，就是具有可燃性。当线路中或接头处发生故障时，电缆可能因局部过热而燃烧，并导致扩大事故。阻燃电力电缆是在电缆绝缘或护层中添加阻燃剂，即使在明火烧烤下，电缆也不会燃烧。阻燃电力电缆的结构与相应的普通聚氯乙烯绝缘电力电缆和交联聚乙烯绝缘电力电缆的结构基本上相同，而用料有所不同。对于交联聚乙烯绝缘电力电缆，其填充物（或填充绳）、绕包层、内衬层及外护套等，均在原用材料中加入阻燃剂，以阻止延燃；有的电缆为了降低电缆火灾的毒性，电缆的外护套不用阻燃型聚氯乙烯，而用阻燃型聚烯烃材料。对于聚氯乙烯绝缘电力电缆，有的采用加阻燃剂的方法，有的则采用低烟、低卤的聚氯乙烯料作绝缘，而绕包层和内衬层均用无卤阻燃料，外护套用阻燃型聚烯烃材料等。至于采用哪一种型式的阻燃电力电缆，要根据使用者的具体情况进行选择。

（2）耐火电力电缆。耐火电力电缆是在导体外增加有耐火层，多芯电缆相间用耐火材料填充。其特点是可在发生火灾以后的火焰燃烧条件下，保持一定时间的供电，为消防救火和人员撤离提供电能和控制信号，从而大大减少火灾损失。耐火电力电缆主要用于 10kV 电缆线路中，适用于对防火有特殊要求的场合。

二、电力电缆的基本结构

不论是何种种类的电力电缆，其最基本的组成有三部分，即导体、绝缘层和护层。对于中压及以上电压等级的电力电缆，导体在输送电能时，具有高电位。为了改善电场的分布情况，减小导体表面和绝缘层外表面处的电场崎变，避免尖端放电，电缆还要有内外屏蔽层。总的来说，电力电缆的基本结构必须由导体（也可称线芯）、绝缘层、屏蔽层和护层四部分组成，这四部分在组成和结构上的差异，就形成了不同类型、不同用途的电力电缆，多芯电缆绝缘线芯之间，还需要添加填芯和填料，以利于将电缆绞制成圆形，便于生产制造和施工敷设。以下是这四个组成部分的作用和要求。

1. 线芯

（1）作用。线芯的作用是导电，用来输送电能，是电缆的一个主要部分。

（2）材料要求。电缆线芯的材料应是导电性能好、机械性能高、资源十分丰富的材料，适宜于生成制造和大量应用。

1）导电性能好。在常温时，金属都具有一定的电阻，当电能在线芯中传输，电流通过线芯导体的过程中，会产生一定的功率损耗，并使导体发热，由于绝缘材料的绝缘性能受温度的影响很大，在过高温度下绝缘材料发生加速老化，所以要求线芯材料的导电性能好，以此来减少导体功率损耗和发热，进而增大电缆的输送容量。

2）机械性能高。为了易于加工与使用，导体材料既要有一定的抗拉强度，又要有一定韧性。

3）资源丰富。如前所述，用电力电缆作为供电线路时，所需的数量是很大的，因此用作线芯的材料必须有十分丰富的资源，否则就无法广泛应用。铜与铝这两种金属的导电率都比较高，而且在地球上的资源丰富，易开采和加工，机械性能高（即有一定的机械强度，又有一定的韧性），因此目前电力电缆的线芯都采用铜和铝。过去因铝的连接有困难，故很少被采用，现在铝的连接问题得到了较好的解决，而且铝的资源比铜的资源丰富，因而也采用铝作为电缆的线芯，但相比较而言，相同截面积铜导体的载流量远远超过铝导体，所以铜的用量大大超过铝的用量。

（3）规格与结构。

1）截面。为了便于设计制造和安装施工，电缆的截面必须采用规范化的方式进行定型生产，即电缆的截面积由小到大按标称截面积规格进行生产。标称截面积规格在各国是不同的，我国目前的规格：380V～35kV 电缆的导电部分截面积为 2.5、4、6、10、16、25、35、50、70、95、120、150、185、240、300、400、500、630、800mm² 19 种规格（北京 10kV 最大截面积用到 1200、1600mm²，在变压器 10kV 侧用来代替母线桥），目前 16～400mm² 之间的几种是常用的规格；电压为 110kV 及以上电缆的截面积规格为 240、400、630、700、800、1000、1200、1400、1600、2000、2500mm² 11 种规格，经常用的几种截面规格是 400、630、800、1000mm² 等（北京现在 110kV 最大截面积用到 1600mm²，220kV 最大截面积用到 2500mm²）。

2）芯数。指电缆具有多少根线芯，一般有单芯、二芯、三芯、四芯、五芯电缆 5 种形式。

3）形状。有圆形、椭圆形、中空圆形和扇形线芯四种。在 10kV 以上电压等级的电缆中一般采用圆形线芯，这是因为圆形线芯有利于电缆绝缘内部的电场均匀分布。在 10kV 及以下电压等级的油浸纸绝缘电缆中基本采用扇形线芯，这是因为扇形线芯在统包绝缘结构电缆中，结构更加紧凑，能够有效减小电缆的外径，进而减少电缆的质量、造价，便于安装。但是，扇形线芯只能用于中低压电缆，这是因为扇形线芯在局部处的曲率半径发生了很大的变化，曲率半径较小处将发生电场集中，也就是电场强度会明显大于其他地方的电场强度，在中低压电缆中，导体的电位不是太高，由此引起的电场集中还不足于导致绝缘的击穿或者需增加绝缘厚度。随着电压等级的提高，导体电位升高，由此引起的电场集中足以导致绝缘的击穿或者需增加绝缘厚度，必须采用圆形线芯消除电场集中。中空圆形是充油电缆的线芯所特有的一种形状，中空处是作为油道通过电缆油使用的。椭圆形绞合导体用于外充气钢管电缆，椭圆形导体较圆形导体能更好地经铅护套向绝缘传送压力。在每种形状中还有紧压形与非紧压形之分。紧压的目的是减小线芯部分因采用多股绞合线形式而引起的外径变大，从而减少绝缘层和外护层的材料的使用量，能使造价减少 15%～20%，又使电缆整体质量减轻，有利于电缆敷设施工。而且紧压形线芯还有利于电缆线芯的阻水和降低集肤效应的影响。

4）结构。若用单根实心的金属材料制成电缆的线芯，线芯的柔软性就会很差而不能随意弯曲，截面积越大弯曲越困难，这样必然给生产制造和电缆敷设施工带来无法克服的困难。经研究和实践证明，采用多股导线单丝绞合线作为线芯是最好的结构,这样的结构既能使电缆的柔软性大大增加,又可使弯曲时的曲度不集中在一处,而分布在每根单丝上,每根单丝的直径越小,弯曲时产生的弯曲应力也就越小,因而在允许弯曲半径内弯曲不会发生塑性变形,从而电缆的绝缘层也不致损坏。同时弯曲时每根单丝间能够滑移,各层方向相反绞合(相邻层一层右向绞合,一层左向绞合),使得整个导体内外受到的拉力和压力分解,这就是采用多股导线绞合形式的线芯的原因。

线芯的可曲性和绞线的单丝数开平方根成正比,即相同截面积的情况下,绞合单线丝越细,单丝越多,绞合节距越小,电缆的耐弯性能越好。由于电缆的可曲性还受到绝缘层、外护层的影响和限制,如果线芯由很多根单丝制成,虽然很软,但实际使用时没有必要,还给电缆的制造增加许多困难。因此并不是单丝数越多越好,所以在制造不同截面积的电缆的线芯时,单丝数有一定的规定。截面积在 35mm^2 及以下电缆的线芯可做成单股的实心导体,其余规格均需采用多根单丝绞合形式的线芯,目前根据不同的用途,线芯绞合的方式有很多种,在此仅介绍一种最常用的线芯绞合方式。

简单规则圆形绞合的线芯是使用最广、结构最简单的一种绞合形式,其绞合规律为中心层是 1 根,其他各层以 6 为单位随层数递增,总根数计算公式如下:

$$K=1+6+12+18+\cdots+6n$$

式中 n——中心(1 根)外算起的层数,其值为正整数 1、2、3、…。

一根钢轴承受机械力的能力,并不随钢轴截面积的增加而呈正比例地增加,增加的幅度会有所减小。线芯输送电能时也存在同样的现象,由于集肤效应的存在,单位面积线芯输送电流的能力会随着截面积的增加而有所降低。对于大截面积电缆,为了降低集肤效应的影响,提高单位面积线芯输送电流的能力和导体的利用率,就需将线芯做成分裂导体结构,即将整个线芯做成由用绝缘纸带相互绝缘的若干个单元组成的结构,每个单元呈扇形形状,外面绕包 1~2 层绝缘纸带,然后绞合为圆形线芯。根据分裂单元的数目,可分为四分裂、五分裂和六分裂,一般认为五分裂结构最为稳定,不易产生移滑变形。

2. 绝缘层

（1）作用。它能将线芯与大地以及不同相的线芯间在电气上彼此隔离，从而保证在输送电能时不发生相对地或相间击穿短路，因此绝缘层也是电缆结构中不可缺少的组成部分。

（2）材料要求。

1）耐压强度高。由于电缆导电部分的相间距离及其对地距离都较小，所以绝缘层承受着很高的电场强度，一般在 1～5kV/mm，110kV 的电缆中达 8～10kV/mm，500kV 的电缆中高达 14～16.5kV/mm，电压等级越高的电缆，对绝缘材料的耐压强度的要求越高。

2）介质损耗角正切值低。运行于交流电场中的绝缘介质，由于极性分子的存在，绝缘层中将会有泄漏电流通过，使绝缘层（介质）发热，这部分损耗称为介质损耗。电缆电压等级越高，介质损耗越大，这部分损耗高，发热就大，绝缘就会加速老化，因此要求绝缘材料的介质损耗角正切值低。

3）耐电晕性能好。绝缘层中的气泡或内外表面的凸起在很高电场下易被电离而产生放电现象，放电时产生的臭氧对绝缘层具有破坏作用，各种材料的耐电晕性能是不同的，因此要求选用耐电晕性能好的材料。

4）化学性能稳定。化学性能不稳定的材料，在外来因素的作用下，其性能易改变，它的绝缘水平就会随之发生变化，通常这种变化是使绝缘性能变差，这对电缆的使用寿命有直接的影响，因此要选用化学性能稳定的材料。

5）耐低温。一般情况下，非金属材料的强度高，其脆化点高，电缆线路的施工（特别在北方地区）经常需在气温很低的情况下进行安装，一旦变脆很易损坏，就无法安装，所以要求有耐低温的性能。在北方冬天平均气温 0℃以下敷设高压电缆需预先加热后再施工。

6）物理性能和化学性能不发生变化时的最高允许温度越高越好，这样电缆线路允许通过的载流量越大，因此绝缘材料的耐热性能越高越好。

7）机械加工性能好。绝缘材料必须具有一定的柔性和机械强度，这样才有利于生产制造和施工安装，因此，这是绝缘材料应具备的性能。

8）使用寿命长。绝缘材料经过一定长的时期，均会发生老化现象，性能下降甚至无法运行。由于电缆线路的成本、施工费用高，敷设难度大，因此对电缆使用寿命的要求更高，要求经久耐用。目前电缆的使用寿命一般不少于 30 年。

（3）常见电缆绝缘材料的种类和特点。

1）油浸纸绝缘的特点。耐压强度高；介质损耗角正切值低；化学性能稳定；价格便宜；耐电晕性能好；耐热性能较差，长期允许运行温度只能 65℃；使用寿命长。

2）橡胶绝缘的特点。橡胶有天然与合成之分，早期电缆绝缘使用的是天然橡胶，现在电缆中使用的是合成橡胶，合成橡胶的种类众多，性能各异，用于电缆绝缘的主要有三元乙丙橡胶（ethylene propylene diene monomer，EPDM）、乙丙橡胶（ethylene propylene rubber，EPR），它们的基本特点如下：具有高的电气性能和化学稳定性，在很大的温度范围内具有高弹性，气体、水（潮气）对其的渗透性低，在 65℃ 以下时热稳定性能良好。

3）聚氯乙烯绝缘的特点。电气性能较高、化学性能稳定、机械加工性能好、不延燃、价格便宜、介质损耗角正切值大、耐热性和耐寒性差、运行温度不能高于 65℃。

4）聚乙烯绝缘的特点。聚乙烯绝缘材料分低密度聚乙烯（Low density polyethylene，LDPE）、中密度聚乙烯（medium density polyethylene，MDPE）和高密度聚乙烯（high density polyethylene，HDPE）三种。耐压强度高；介质损耗角正切值低；化学性能稳定；耐低温；机械加工性能好；耐电晕性能差；耐温性能差，60℃ 以上时，其耐压强度急剧降低；易燃、易熔和易产生环境应力而开裂。

5）交联聚乙烯绝缘的特点。耐压强度高；介质损耗角正切值低；化学性能稳定；耐电晕；耐环境应力开裂性能较聚乙烯好；耐热性能好，长期允许运行温度可达 90℃，且能承受短路时的 250℃ 的瞬时高温。交联聚乙烯是由聚乙烯材料在高能射线或化学剂的作用下，使分子结构由原来的线状结构改变成三维空间网状结构，从而大大提高了聚乙烯的耐热性和机械性能。

3. 屏蔽层

（1）作用。6kV 及以上的电缆一般都有导体屏蔽层和绝缘屏蔽层，也称为内屏蔽层和外屏蔽层。导体屏蔽层的作用是消除导体表面的不光滑（多股导线绞合会产生的尖端）所引起的导体表面电场强度的增加，使绝缘层和电缆导体有较好的接触。同样，为了使绝缘层和金属护套有较好接触，一般在绝缘层外表面均包有外屏蔽层。

对于交联聚乙烯绝缘电缆来说，半导电屏蔽层具有抑制树枝生长和热屏障的作用。

1）当导体表面金属毛刺直接刺入绝缘层时，或者在绝缘层内部存在杂质颗粒、水气、气隙时，将引起尖端产生高电场、场致发射而引发树枝。对于金属表面毛刺，半导电屏蔽将有效地减弱毛刺附近的场强，减少场致发射，从而提高耐电树枝放电特性。若在半导电屏蔽料中加入能捕捉水分的物质，就能有效地阻挡由线芯引入的水分进入绝缘层，从而防止绝缘中产生水树枝。

2）半导电屏蔽层有一定热阻，当线芯温度瞬时升高时，电缆有半导屏蔽层的热阻，高温不会立即冲击到绝缘层，通过热阻的分温作用，使绝缘层上的温升下降。

（2）材料要求。油纸电缆的导体屏蔽材料一般用金属化纸带或半导电纸带。绝缘屏蔽层一般采用半导电纸带。塑料、橡皮绝缘电缆的导体或绝缘屏蔽材料分别为半导电塑料和半导电橡皮。对于无金属护套的塑料、橡胶电缆，在绝缘屏蔽外还包有屏蔽铜带或铜丝。

（3）结构、种类。所谓金属化纸，就是在厚度为 0.12mm 的电缆纸的一面，贴有厚度为 0.014mm 的铝箔。所谓半导电纸，即在一般电缆纸浆中，掺入胶体碳粒所制成的纸，它的电阻率为 $1 \times 10^7 \sim 1 \times 10^9 \Omega \cdot m$。而半导电塑料、半导电橡皮，则要求电阻率在 $1 \times 10^8 \Omega \cdot m$ 以下，实际数据远小于这一数字。

4. 护层

（1）作用。护层的作用是密封保护电缆免受外界杂质和水分的侵入，以及防止外力直接损坏电缆绝缘层，有些电缆的外护套还具有阻燃的作用，因此它的制造质量对电缆的使用寿命有很大的影响。

（2）材料要求。护层材料的密封性和防腐性必须良好，并且有足够机械强度，适当考虑空气中敷设电缆外护套材料的阻燃性能。

（3）结构、种类。一般电缆的护层是由内护套、内衬层、铠装层和外护层（或外护套）等几个部分有选择的组合而成，充油电缆的护层必须有加强

第一章 电力电缆基础知识

层。为适应不同环境场合的需要,护层在制造时,可以采用这几个部分不同组合的结构,因此在实际使用中,应注意按不同的用途选择不同结构的护层。

1)内护套。其作用是密封和防腐,所以应采用密封性能好、不透气、耐热、耐寒、耐腐蚀、具有一定机械强度且柔软又可多次弯曲、容易制造和资源丰富的材料。

铅护套(铅包):在20世纪60年代前期的产品几乎全部都是这种内护套,其特点是易焊接、耐腐蚀、易加工、弯曲性能较好。缺点是电阻率较高、质量重,易造成土壤和水资源污染,使用时间长了后容易结晶导致龟裂。

铝护套(铝包):在20世纪60年代中期发现铅资源缺少的情况下,就选用了铝作为内护层的制作材料,虽然它易腐蚀、密封连接困难,但是由于它质量轻、资源丰富,所以还是被选用作为制造内护层的主要材料。因其机械强度比铅护套大得多,所以同样条件下其厚度可比铅护套薄。由于弯曲的需要,一般的铝护套都制成波纹状。现在波纹铝护套已经在110kV及以上电压等级上大量使用。缺点是容易腐蚀,需要外护套保护。在实际应用中分为氩弧焊式、卧式连铸连轧和立式连铸连轧三种铝护套。

铜护套:对于短路容量要求大的大截面积电缆,可采用铜护套,为了增加弯曲性能,可加工成波纹状铜护套。

聚氯乙烯护套:这是一种非金属内护套,主要用于聚氯乙烯和交联聚乙烯绝缘电缆。它的缺点是耐热性和耐寒性都差,但阻燃性能好,燃烧过程中产生的浓烟有毒,以往的案例证明在火灾事故中,人员伤亡主要是由烟熏导致的,所以人们在保证阻燃的前提下,开始生产低烟低卤的聚氯乙烯或无卤的聚烯烃材料做电缆的护套。

聚乙烯护套:其绝缘强度比聚氯乙烯高,耐热性能和耐寒性能比聚氯乙烯的好,抗渗水性也比聚氯乙烯强,但阻燃性能差。

2)外护层。在不同的环境中安装的电缆,对外护层的要求是不一样的,有些场所,如发电厂、变电站、隧道及电缆沟内等安装的电缆就对机械加强保护的要求低些。有些场所,如水中和竖井高落差敷设的电缆,需要一定的抗拉强度。有些场所,如直埋敷设的电缆需要有径向加强的机械性能。外护层又可分成以下四部分:

a. 内衬层：它在内护套和铠装层之间，其作用是为了防止内护套受腐蚀和防止电缆在弯曲时被铠装损坏。它主要是由麻布或塑料带等软性织物涂敷沥青后包绕在内护套上的材料，只要求它具有柔软和无腐蚀性能，防火要求高的电缆还需阻燃。

b. 铠装层：它在内衬层和外护层之间，其作用为防止机械外力损坏内护套。它的材料主要为钢带或钢丝，要求它应具有较高的机械强度。

c. 外护层或外护套：它在铠装层外，是电缆的最外层，其作用是为防止铠装层受外界环境的腐蚀。它的材料有聚氯乙烯或聚乙烯等。在侧重防火要求的地方采用聚氯乙烯外护套，在侧重防水要求的地方，如长江以南地区多采用聚乙烯外护套，对于白蚁和鼠害严重的地方应添加防白蚁和老鼠啃咬的填料。

d. 加强层：这层结构是充油电缆所特有的，它是直接包绕在内护套外，以增强内护套承受电缆油压的机械强度，它应有足够的机械强度、柔韧性和不易腐蚀，一般用铜带或不锈钢带作为材料。

三、几种常用电力电缆的结构

1. 挤包绝缘电力电缆

（1）聚氯乙烯绝缘电力电缆。由聚氯乙烯绝缘材料挤包制成绝缘层的电力电缆叫聚氯乙烯绝缘电力电缆。聚氯乙烯绝缘电力电缆有单芯、二芯、三芯、四芯和五芯共5种。

多芯电缆的绝缘线芯并增加填料绞合呈圆形成缆后，再挤包聚氯乙烯（PVC）或聚乙烯（PE）护套作为内护套，外面再逐层施加铠装层和PVC或PE外护套。

1kV 单芯聚氯乙烯绝缘电力电缆的结构如图1-1所示。

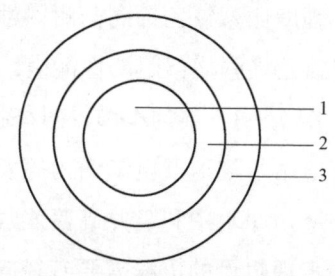

图1-1　1kV 单芯聚氯乙烯绝缘电力电缆结构图
1—导体；2—聚氯乙烯绝缘；3—聚氯乙烯护套

1kV 三芯聚氯乙烯绝缘电力电缆结构如图 1-2 所示。

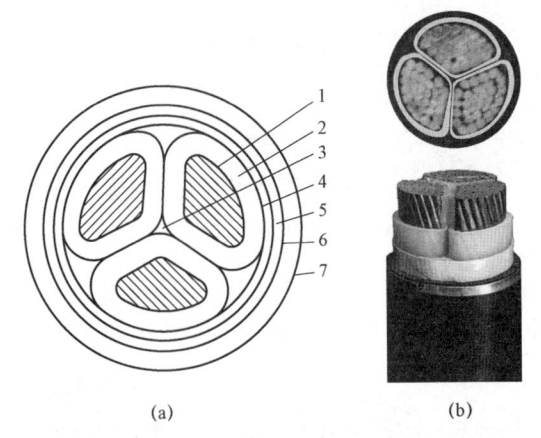

(a)　　　　　　　(b)

图 1-2　1kV 三芯聚氯乙烯绝缘电力电缆结构图
(a) 剖面图；(b) 外观图
1—导体；2—聚氯乙烯绝缘；3—填充物；4—聚氯乙烯包带；5—聚氯乙烯内护套；
6—钢带铠装；7—聚氯乙烯外护套

1kV 四芯（3+1）聚氯乙烯绝缘电力电缆结构如图 1-3 所示。

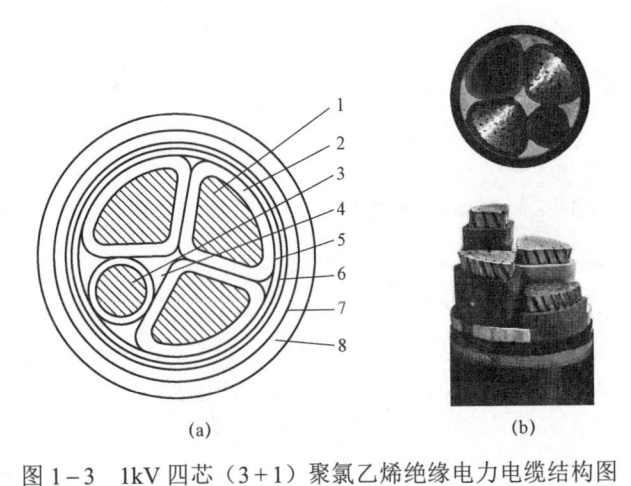

(a)　　　　　　　(b)

图 1-3　1kV 四芯（3+1）聚氯乙烯绝缘电力电缆结构图
(a) 剖面阁；(b) 外观图
1—导体；2—聚氯乙烯绝缘；3—中性导体；4—填充物；5—聚氯乙烯包带；
6—聚氯乙烯内护套；7—钢带包装；8—聚氯乙烯外护套

1kV 四芯（等截面）聚氯乙烯绝缘电力电缆结构如图 1-4 所示。

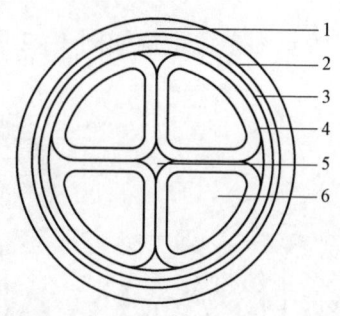

图 1-4　1kV 四芯（等截面）聚氯乙烯绝缘电力电缆结构图
1—聚氯乙烯外护套；2—钢带铠装；3—聚氯乙烯内护套；4—聚氯乙烯绝缘层；5—填充物；6—导体

1kV 五芯（4+1）聚氯乙烯绝缘电力电缆结构如图 1-5 所示。

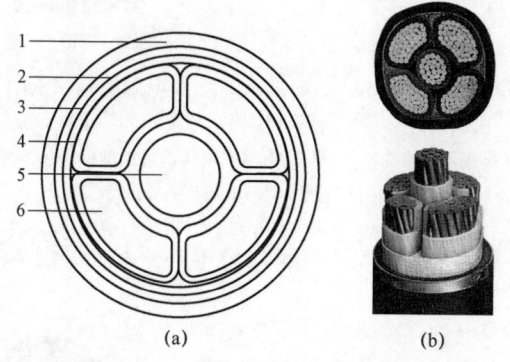

图 1-5　1kV 五芯（4+1）聚氯乙烯绝缘电力电缆结构图
（a）剖面图；（b）外观图
1—聚氯乙烯外护套；2—钢带铠装；3—聚氯乙烯内护套；4—聚氯乙烯绝缘层；5—中性导体（N 线）；6—导体

1kV 五芯（3+2）聚氯乙烯绝缘电力电缆结构如图 1-6 所示。

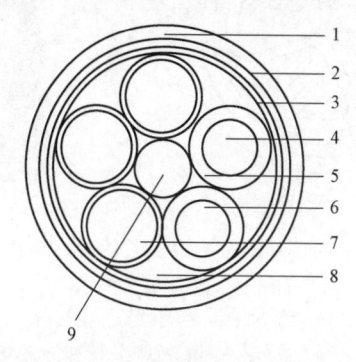

图 1-6　1kV 五芯（3+2）聚氯乙烯绝缘电力电缆结构图
1—聚氯乙烯外护套；2—钢带铠装；3—聚氯乙烯内护套；4—中性导体（N 线）；
5—聚氯乙烯绝缘层；6—保护导体（地线）；7—导体；8—填充物；9—填芯

第一章 电力电缆基础知识

（2）交联聚乙烯绝缘电力电缆。交联聚乙烯绝缘电力电缆（简称交联电缆）的主绝缘层是由交联聚乙烯绝缘材料挤出制成的，它是近 30 年来发展起来的很有前途的塑料电缆。这种电缆电场分布均匀、没有切向应力、质量轻、载流量大，已用于 500kV 及以下的电缆线路中。交联聚乙烯绝缘电力电缆有单芯、二芯、三芯、四芯和五芯共 5 种。当额定电压 U_0 为 6kV 以上时，电缆线芯导体表面和绝缘表面均有半导电屏蔽层，同时在绝缘屏蔽层外面还有金属带组成的屏蔽层，以承受故障时的短路电流，避免因短路电流引起电缆温升过高而损坏绝缘。

交联聚乙烯绝缘电力电缆有以下主要优点：

有优越的电气性能。交联聚乙烯作为电缆的绝缘介质，具有十分优越的电气性能。

有良好的热性能和机械性能。聚乙烯树脂经交联工艺处理后，大大提高了电缆的耐热性能，交联聚乙烯绝缘电力电缆的正常工作温度达 90℃，比充油电缆高。因而在相同导体截面积时，载流量比充油电缆大。

敷设安装方便。由于交联聚乙烯是干式绝缘结构，不需附设供油设备，这样给线路施工带来很大的方便；交联聚乙烯绝缘电力电缆的接头和终端采用预制成型结构，安装比较容易；敷设交联聚乙烯绝缘电力电缆的高差不受限制。在有振动的场所，例如大桥上敷设电缆，交联聚乙烯电力电缆也显示出它的优越性。施工现场火灾危险也相对较小。交联聚乙烯作为一种绝缘介质，虽然在理论上具有十分优越的电气性能，但作为制成品的电缆，其性能受工艺过程的影响很大。从材料生产、处理到绝缘层（包括屏蔽层）挤塑的整个生产过程中，绝缘层内部难以避免出现杂质、水分和微孔，且电缆的电压等级越高，绝缘层厚度越厚，挤压后冷却收缩过程产生空隙的概率也越大。运行一定时期后，由于"树枝"老化现象，使整体绝缘水平下降。

1）35kV 及以下交联聚乙烯绝缘电力电缆。1kV 交联聚乙烯绝缘电力电缆多为多芯结构，一般多芯共用内护套，即多芯电缆的绝缘线芯并增加填料绞合呈圆形成缆后，再挤包 PE 或 PVC 护套作为内护套，外面再逐层施加铠装层和外护套。

6～35kV 交联聚乙烯绝缘电力电缆有单芯和三芯结构，以三芯结构为主。

当为三芯时，每芯可以有单独的内护套，也可以三芯共用内护套。

1kV 及以下交联聚乙烯绝缘电力电缆的结构图如图 1-7 和图 1-8 所示。

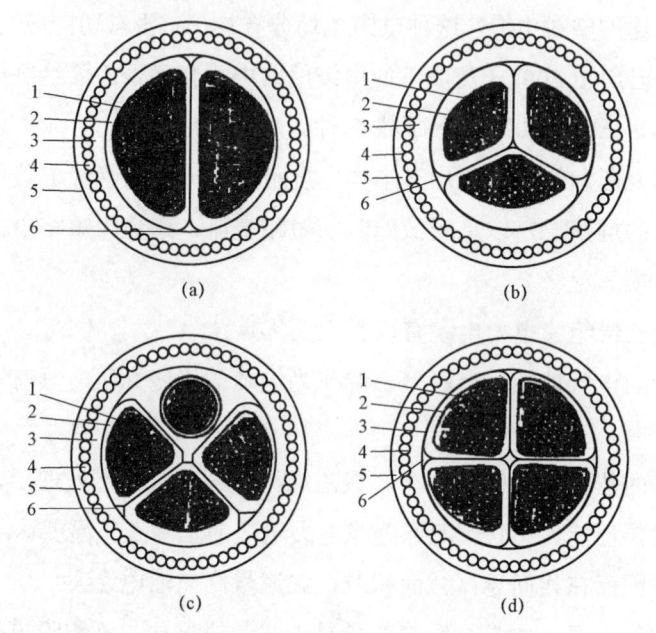

图 1-7　1kV 及以下交联聚乙烯绝缘电力电缆结构图（二～四芯）
（a）二芯；（b）三芯；（c）3+1 芯；（d）四芯（等截面）
1—导体；2—绝缘层；3—内护层；4—钢丝；5—外护套；6—填充物

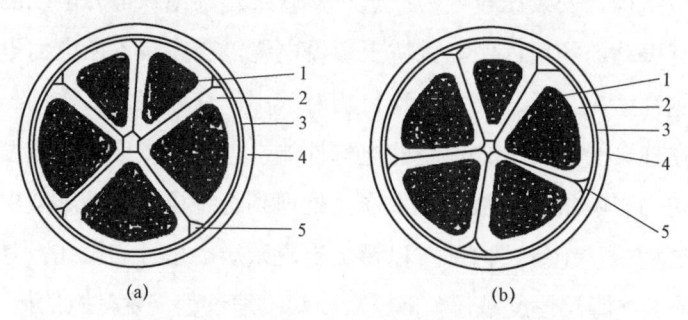

图 1-8　1kV 及以下交联聚乙烯绝缘电力电缆结构图（五芯）
（a）3+2 芯；（b）4+1 芯
1—导体；2—绝缘层；3—包带；4—外护层；5—填充物

6～35kV 三芯交联聚乙烯绝缘铠装电力电缆的结构图如图 1-9 所示。在圆形导体外有三层共挤的内屏蔽层、交联聚乙烯绝缘层和外屏蔽层，外面还有保护带、填料、铜带或铜线屏蔽、内护套、铠装层、外护套等。

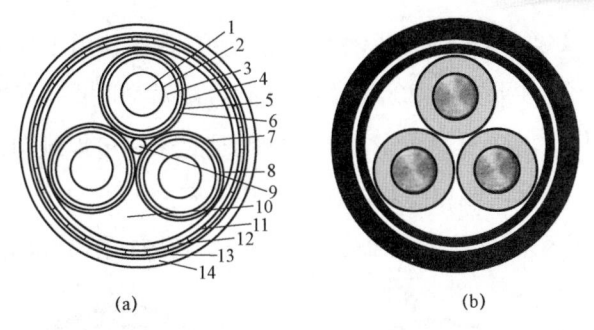

图 1-9 6～35kV 三芯交联聚乙烯绝缘钢带铠装电力电缆结构图
(a) 结构图；(b) 外观图
1—导体；2—导体屏蔽层；3—交联聚乙烯绝缘；4—绝缘屏蔽层；5—保护带；6—铜线屏蔽；
7—螺旋铜带；8—塑料带；9、10—填料；11—内护套；
12—钢带铠装；13—钢带；14—外护套

6～35kV 三芯交联聚乙烯钢丝铠装电力电缆结构图如图 1-10 所示。

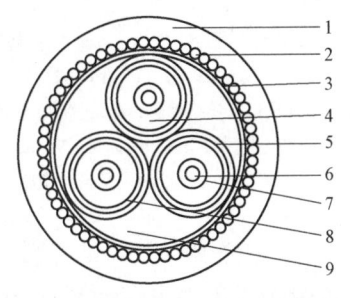

图 1-10 6～35kV 三芯交联聚乙烯钢丝铠装电力电缆结构图
1—外护套；2—钢丝；3—内护层；4—交联聚乙烯；5—软铜带；6—导体；
7—内半导电屏蔽；8—外半导电屏蔽；9—填料

6～35kV 单芯交联聚乙烯绝缘电力电缆结构图如图 1-11 所示。

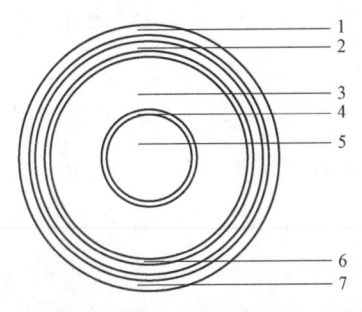

图 1-11 6～35kV 单芯交联聚乙烯绝缘电力电缆结构图
1—护套；2—软铜带；3—交联聚乙烯绝缘；4—内半导电屏蔽；
5—导体；6—外半导电屏蔽；7—包带

2）110kV 及以上交联聚乙烯绝缘电力电缆。我国使用 110kV 及以上交联聚乙烯绝缘电力电缆开始于 20 世纪 80 年代。随着交联聚乙烯电缆制作技术的成熟和国产化，城市电网对电力电缆的选型越来越多地倾向于交联聚乙烯绝缘电力电缆，在交流输电中基本完全取代了充油电缆。

110～220kV 交联聚乙烯绝缘电力电缆的结构图如图 1－12 所示。

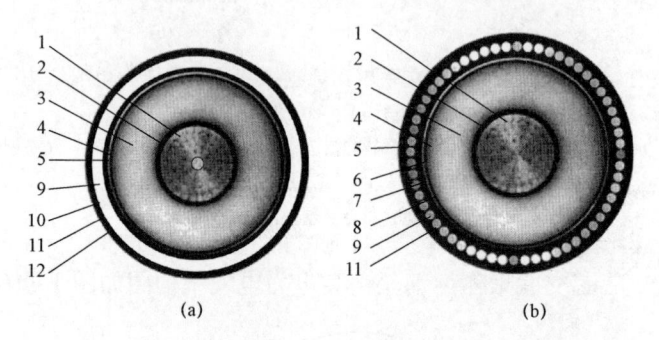

图 1－12　110－220kV 单芯交联聚乙烯绝缘电力电缆结构图
(a) YJLW02、YJLW03 型；(b) YJQ02、YJQ03 型
1—导体；2—内半导电屏蔽；3—交联聚乙烯绝缘层；4—外半导电屏蔽；5—阻水层（缓冲层）；
6—铜丝屏蔽层；7—阻水层；8—铅护套；9—波纹铝护套；
10—沥青；11—外护套；12—外电极

110kV 及以上交联聚乙烯绝缘电力电缆对于所用材料及结构工艺要求较高。下面以 110kV 交联聚乙烯绝缘电力电缆为例对各组成部分作一简单介绍。

导体：导体为无覆盖的退火铜单线绞制，紧压成圆形。为减小导体集肤效应，提高电缆的传输容量，对于大截面积导体采用分裂导体结构。

内半导电屏蔽：紧贴导体绕包 1～2 层半导电聚酯带，再挤包半导电层，由挤出的交联型超光滑半导电材料均匀地包覆在聚酯带上。表面应光滑，不能有尖角、颗粒、烧焦或擦伤的痕迹。

交联聚乙烯绝缘：电缆的主绝缘由挤出的交联聚乙烯组成，采用超净料。110kV 电压等级的绝缘标称厚度为 17mm，任意点的厚度不得小于规定的最小厚度值 15.3mm（90%标称厚度）。绝缘层中应无气隙和杂质。

外半导电屏蔽：也为挤包半导电层，是不可剥离的交联型材料，以确保与绝缘层紧密结合。其要求同导体屏蔽。要求内半导电屏蔽、交联聚乙烯绝缘和外半导电屏蔽必须三层同时挤出。

阻水层：这是一种纵向防水结构，由半导电膨胀阻水带组成。一旦电缆的金属护套破损造成水分进入电缆，半导电膨胀阻水带吸水后会立即急剧膨胀，填满空隙，阻止水分在电缆内纵向扩散。

铜丝屏蔽层：当电缆金属护套的短路容量不能满足要求时，可增加铜丝屏蔽层。铜丝屏蔽由疏绕的软铜线组成，外表面用反向铜丝或铜带扎紧。

金属护套：铅或铝金属护套最为常用。有无缝铅套、无缝波纹铝套、焊缝波纹铝套，这些金属护套都是良好的径向防水层。用铝制作护套时，铝的最低纯度为99.6%，高质量的铝不应含有微孔、杂质等；铝护套任意点的厚度不小于其标称厚度的85%左右。当采用铅制作护套时，铅套用的铅合金应含0.4%～0.8%的锑和0.08%以下的铜，铅套任意点的厚度不小于其标称厚度的85%。

沥青：由于铝护套更容易受到氧化和腐蚀，所以在铝护套的表面都涂敷有沥青保护。对于铅护套既可以涂敷沥青，也可以选择缠绕塑料保护带进行保护。

外护套：外护套一般采用挤出的聚乙烯或聚氯乙烯护套。外护套厚度不小于其标称厚度的85%，能通过相应的交、直流耐压和冲击耐压试验。

外电极：在外护套的外面涂覆石墨涂层或挤出半导电层，就构成了电缆的外电极。其作用是作为外护套耐压试验的一个电极。石墨涂层在电缆敷设过程中容易脱落，挤出型外电极相对牢固，不易脱落，尤以外护套和半导电层两层共同挤出的工艺最佳。

（3）橡胶绝缘电力电缆。6～35kV的橡胶绝缘电力电缆，导体表面有半导电屏蔽层，绝缘层表面有半导电材料和金属材料组合而成的屏蔽层。多芯电缆绝缘线芯绞合时，采用具有防腐性能的纤维填充，并包以橡胶布带或涂胶玻璃纤维带。橡胶绝缘电缆的护套一般为聚氯乙烯或氯丁橡胶护套。

橡胶绝缘电缆的绝缘层柔软性最好，其导体的绞合根数比其他型式的电缆稍多，因此电缆的敷设安装方便，适用于落差较大和弯曲半径较小的场合。它可用于固定敷设的电力线路，也可用于需要移动式的电力线路或电气设备，如矿山掘进机的电源线等。

第三节　电力电缆的型号和应用

一、电力电缆的产品命名及代号

1. 电缆型号的编制

在日常工作中，我们可以简单的称某一电缆为 10kV 单芯截面 1200mm^2 交联聚乙烯电缆，这样虽然可以表述出这种电缆的主要特征，但并不完整。因为实际应用的电缆种类和结构很多，用途也各不相同，为了便于生产制造、订货与安装运行，就必须对电缆进行科学的命名，通常采用电缆型号表示某种电缆的结构与特点，这样既简单明确，便于书写，又能避免不必要的错误。每一个电缆型号表示一种结构的电缆，同时也可表明这种电缆的使用场合和某些特性。我国电缆型号的编制原则如下：

（1）一般用相关汉字的汉语拼音的第一个大写字母表示电缆的类别特征、绝缘种类、导体材料、内护套材料及其他特征。

（2）对护层的铠装类型和外护层类型则在汉语拼音字母之后用两个阿拉伯数字表示。无数字表示无铠装层、无外护层。第一位数字表示铠装层，第二位数字表示外护层。

（3）字母的确定方法、排列顺序及含意。

1）一般用能说明该型号各组成部分特点的一个汉字的第一个拼音字母来表示，如油纸绝缘用纸（Zhi）的第一个字母 Z 表示，铅（Qian）包用 Q 表示，阻燃（ZuRan）用 ZR 表示等。

2）为了尽量减少型号字母的个数，最常用材料的代号可以省略，如表示导体材料时，在型号中只用 L 表明铝芯，铜芯 T 字省略，电力电缆符号省略。电力电缆产品型号中字母含义见表 1-1。

表 1-1　　　　　　电力电缆产品型号中字母含义

产品系列	绝缘	导体	内护套	其他特征
电力电缆（省略）	Z—纸	T（省略）—铜	Q—铅	D—不滴流
ZR—阻燃	X—橡胶	L—铝	L—铝	F—分相

续表

产品系列	绝缘	导体	内护套	其他特征
NH—耐火	V—聚氯乙烯	LH—铝合金	LW—波纹铝	P—贫油
CY—充油	Y—聚乙烯	—	V—聚氯乙烯	CY—充油
K—控制	YJ—交联聚乙烯	—	Y—聚乙烯	Z—直流
D—导引	—	—	H—橡胶	—
G—光缆	—	—	F—氯丁橡胶	—

(4) 外护层代号数字的含义见表 1-2。

表 1-2　　　　　　外护层代号数字的含义

代号	加强层	铠装层	外护套
0	—	无	无
1	径向铜带	连锁钢带	纤维外被
2	径向不锈钢带	双钢带	聚氯乙烯外护套
3	径向铜带、纵向窄铜带	细圆钢丝	聚乙烯外护套
4	径向不锈钢带、纵向窄不锈钢带	粗圆钢丝	—

注　1. 充油电缆的外护层含有加强层，由三位数字组成，按加强层、铠装层和外护套的顺序进行表示；其他电缆外护层代码由两位数字组成，按铠装层和外护套的顺序来表示。
　　2. "—"代表不存在这种情况。

2. 电缆型号的识别举例

ZQ22——铜芯，纸绝缘，铅包，钢带铠装，聚氯乙烯外护套电力电缆。

ZLQD22——铝芯，不滴流纸绝缘，铅包，钢带铠装，聚氯乙烯外护套电力电缆。

ZQF22——铜芯，纸绝缘，分相铅包，钢带铠装，聚氯乙烯外护套电力电缆。

ZLL23——铝芯，纸绝缘，铝包，钢带铠装，聚乙烯外护套电力电缆。

VV22——铜芯，聚氯乙烯绝缘，钢带铠装，聚氯乙烯外护套电力电缆。

YJV22——铜芯，交联聚乙烯绝缘，钢带铠装，聚氯乙烯外护套电力电缆。

ZR-YJLW02——铜芯，交联聚乙烯绝缘，波纹铝护套，聚氯乙烯外护套阻燃电力电缆。

3. 电缆型号规范表示法

为了便于生产制造、订货和产品质量检验等工作，除标明代表型号的主要部分外，还应注明工作电压、芯数、截面积和长度以及生产采用的标准，使得电缆型号或者说是命名更加完整、准确，具有可操作性。例如：YJV22－8.7/10－3×240－600－GB/T 12706.3，表示铜芯，交联聚乙烯绝缘，钢带铠装，聚氯乙烯外护套电力电缆，额定电压为 8.7/10kV，三芯，标称截面积 240mm^2，长 600m，按 GB/T 12706.3《额定电压 1kV（U_m＝1.2kV）到 35kV（U_m＝40.5kV）挤包绝缘电力电缆及附件 第 3 部分：额定电压 35kV（U_m＝40.5kV）电缆》标准生产。

二、电力电缆的应用

电缆采用各种不同的敷设方式安装运行，例如直埋在地下土壤中，敷设在电缆沟槽、排管中，安装在高落差的竖井、矿井里和水底等，其所处环境和运行条件存在很大差异。电缆厂设计生产各种不同型号的电缆以适应各种敷设与运行条件，如钢带铠装电缆适应直埋于地下，塑料护套电缆适应在腐蚀严重的地区，钢丝铠装电缆能承受较大的拉力适合高落差和水底等。选择电缆型号既要能适应周围环境、运行条件和安装方式的要求，保证运行安全可靠，又要节约成本，经济合理。常用型号电缆的应用场合见表 1－3。

表 1－3　　　　　常用各种型号电缆的应用场合

型号	名称	应用场合
ZQ02 ZLQ02	铜（铝）芯纸绝缘裸铅包聚氯乙烯护套电力电缆	适用于敷设在室内、沟道中及管道内，对电缆没有一般机械外力作用，能使用于严重腐蚀的环境
ZQ22 ZLQ22	铜（铝）芯纸绝缘铅包钢带铠装聚氯乙烯护套电力电缆	适用于敷设在土壤、室内、沟道中及管道内，能承受一般机械外力作用，但不能承受大的拉力，能使用于严重腐蚀的环境
ZQ33 ZLQ33	铜（铝）芯纸绝缘铅包细钢丝铠装聚乙烯护套电力电缆	适用于竖井及矿井中、水底敷设，能承受一般机械外力作用，能承受相当的拉力，能使用于严重腐蚀的环境
ZQ41 ZLQ41	铜（铝）芯纸绝缘铅包粗钢丝铠装纤维外被电力电缆	适用水底下敷设，能承受一般机械外力作用，能承受相当的拉力
ZQD ZLQD	铜（铝）芯不滴流纸绝缘裸铅包电力电缆	适用于敷设在室内、沟道中及管道内，对电缆没有一般机械外力作用，对铅包具有中性的环境
ZQD02 ZLQD02	铜（铝）芯不滴流纸绝缘裸铅包聚氯乙烯护套电力电缆	适用于敷设在室内、沟道中及管道内，对电缆没有一般机械外力作用，能使用于严重腐蚀的环境
ZQD03 ZLQD03	铜（铝）芯不滴流纸绝缘裸铅包聚乙烯护套电力电缆	适用于敷设在室内、沟道中及管道内，对电缆没有一般机械外力作用，能使用于严重腐蚀的环境
ZQD20 ZLQD20	铜（铝）芯不滴流纸绝缘铅包裸钢带铠装电力电缆	适用于敷设在室内、沟道中及管道内，能承受一般机械外力作用，但不能承受大的拉力

续表

型号	名称	应用场合
ZQFD20 ZLQFD20	铜（铝）芯不滴流纸绝缘分相铅包裸钢带铠装电力电缆	适用于敷设在室内、沟道中及管道内，能承受一般机械外力作用，但不能承受大的拉力
ZQFD41 ZLQFD41	铜（铝）芯不滴流纸绝缘分相铅包粗钢丝铠装纤维外被电力电缆	适用于水底敷设，能承受一般机械外力作用，能承受相当的拉力
XQ20 XLQ20	铜（铝）芯橡皮绝缘裸铅包裸钢带铠装电缆	适用于敷设在室内、隧道内及管道中，电缆不能承受大的拉力
XV XLV	铜（铝）芯橡皮绝缘聚氯乙烯护套电缆	适用于敷设在室内、隧道内及管道中，电缆不能受机械外力作用，有防腐能力
VV VLV	铜（铝）芯聚氯乙烯绝缘聚氯乙烯护套电力电缆	适用于敷设在室内、隧道内及管道中，电缆不能承受机械外力作用，有防腐能力
VV22 VLV22	铜（铝）芯聚氯乙烯绝缘钢带铠装聚氯乙烯内外护套电力电缆	适用于敷设在室内、隧道内、管道中及地下，电缆不能承受大的拉力，有防腐能力
VV32 VLV32	铜（铝）芯聚氯乙烯绝缘细钢丝铠装聚氯乙烯内外护套电力电缆	适用于敷设在竖井、矿井、水底及地下，电缆能承受一定的拉力，有防腐能力
YJY YJLY	铜（铝）芯交联聚乙烯绝缘聚乙烯护套电力电缆	适用于敷设在室内、外、隧道内、管道中及松散土壤中，电缆不能承受机械外力作用
YJV22 YJLV22	铜（铝）芯交联聚乙烯绝缘钢带铠装聚氯乙烯内外护套电力电缆	适用于敷设在室内、隧道内、管道中及地下，电缆不能承受大的拉力，有防腐能力
YJV23 YJLV23	铜（铝）芯交联聚乙烯绝缘钢带铠装聚氯乙烯内护套聚乙烯外护套电力电缆	适用于敷设在室内、隧道内、管道中及地下，电缆不能承受大的拉力，有防腐能力
CYZQ143	纸绝缘铜芯铅包、铜带径向加强粗钢丝铠装、聚乙烯外护套自容式充油电缆	敷设在水底或竖井中，能承受较大拉力

注 对于在有防火要求场所使用的聚氯乙烯和交联聚乙烯阻燃电缆，在型号前加 ZR－。

第四节 电力电缆的材料

一、电力电缆的导体材料

1. 导体材料的物理性能

电缆线芯的作用是输送电流。为减小电缆线芯上的电压降和功率损耗，电缆线芯一般用具有高电导率的铜或铝制成。

铜作为电缆线芯具备许多优异的物理性能，如电导率大，机械强度高，工艺性好，容易加工，易于压延、拉丝和焊接，同时还耐腐蚀，是作为电缆线芯被最广泛采用的金属材料。铝是导电性能仅次于金、银、铜的导电材料，它的矿产资源比铜的更为丰富，价格较低，因此也被广泛采用。铜与铝的物理性能见表1-4。

表1-4　　　　　　　　铜与铝的物理性能

物理性能	铜	铝
密度（g/cm^3）	8.9	2.7
抗拉强度（MPa）	2.548~2.744	≥0.784
熔点（℃）	1033	658
熔解热（cal/g）	50.6	93
电阻率（20℃时，Ω·m）	0.01724×10^{-6}	0.0263×10^{-6}
电阻温度系数（1/℃）	0.003931	0.00403

从表1-4中可以看出，铝的机械性能与导电性能均比铜的略差，但对于敷设安装后固定的电缆线路来说，导体在运行过程中一般并不承受很大的拉力，只要导体具有一定的柔软性和机械强度，易于生产制造和施工安装，就能满足作为电缆导体的基本要求。所以铜和铝这两种导体均能用来制作电缆线芯。

从导电性能看，铜在20℃时电阻率为$0.0173 \times 10^{-6} \Omega \cdot m$，铝的电阻率比铜大，为$0.0283 \times 10^{-6} \Omega \cdot m$，是铜的1.64倍。要使同样长度的铜线与铝线具有相同的电阻，铝线芯的截面积是铜线芯的1.64倍，直径是铜线的1.28倍。但由于铝的密度比铜小很多，即使截面积增大到1.64倍，铝线芯的质量也只有铜线芯的1/2。从表1-4中还可以看出，铝的电阻温度系数比铜的大，换言之就是随着温度的升高，铝的通流能力比铜的下降得快。

在城市中，电力通道越来越拥挤和珍贵，为了节省空间，主网中基本上只采用铜芯电力电缆。

经过上述分析可知，由于铝的电阻率比铜大，在导电能力同等时铝线的直径较大，无形中增加了电缆绝缘材料与保护层材料的用量。另一方面，铝线质量比铜线轻一半，加上铝线的截面积大，散热面积增加，实际上要达到同样的负载能力，铝线截面积只需达到铜线的 1.05 倍就可以了。

从安装运行来看，铜的性能比铝优越。铜线芯的连接容易操作，不论采用压接还是焊接，均容易满足运行要求。而铝线芯连接就比较困难，运行中的接头还容易因接触电阻增大而发热。

铜对于充油电缆的矿物油、油纸电缆的松香复合浸渍剂、橡皮电缆的硫化橡胶等有加速老化的作用。在此情况下，可使用表面镀锡的铜线芯，使铜不直接与这些物质接触，以降低老化速度。采用镀锡铜线提高了电缆的质量，也使线芯的焊接更加容易。

2. 导体材料电阻温度系数的计算

导体的电阻都会随着温度的升高而增加。所谓导体的温度系数是指单位温度（摄氏度）电阻变化的绝对值与室温（20℃）时该导体电阻的比值。

二、电力电缆的绝缘材料

作为电缆绝缘层的材料除满足前述基本性能的要求以外，价格还应当便宜。绝缘材料的价格对电缆的造价影响很大，价格昂贵，就不能大范围使用。常用的电缆绝缘材料有电缆纸及浸渍剂、聚氯乙烯、聚乙烯、交联聚乙烯、乙丙橡胶、硅橡胶等。

1. 电缆纸

电缆纸的基本成分是木质纤维素，它常用软木中的松杉料如黄柏、白松、红毛杉等木材制成。

纸具有很大的吸湿性，纸内含水量的大小对纸的电气性能影响很大。电缆纸中含水会大大降低其绝缘电阻和击穿场强，并使介质损耗增大。因此，浸渍纸绝缘电缆在浸渍前必须严格进行干燥，除去纸中的水分。由于水分会渗透到纸的微细孔中，所以干燥过程都在高度真空下进行。

2. 浸渍剂

浸渍纸绝缘的浸渍剂按其黏度可分两大类，即黏性浸渍剂和高压电缆油。常说的浸渍剂是指 35kV 及以下浸渍纸绝缘电缆用的，它实际上是光亮油和松香等的混合物，由于现代化学工业的发展，合成微晶蜡逐步代替了松香。

黏性浸渍剂也有两种。一种叫普通黏性浸渍剂，用于油浸纸绝缘电缆，在工作温度下浸渍剂是流动的，所以必须限制电缆的敷设落差。另一种是不滴流浸渍剂，用于不滴流电缆，在工作温度下浸渍剂是不流动的，所以电缆不受敷设落差的限制。不滴流浸渍剂在工艺温度时具有良好的流动性，以保证电缆绝缘纸得到充分的浸渍，但在电缆运行温度范围内，它不能流动而成为塑性固体。不滴流浸渍剂的电气性能与黏性浸渍剂大体相同，但它在80℃以下是不流动的塑性体。

高压电缆油要求黏度低，具有良好的流动性。主要用作充油电缆浸渍剂的是矿物油和合成电缆油。

3. 聚氯乙烯（PVC）

（1）什么是聚氯乙烯。在我国，氯乙烯目前主要由乙炔与氯化氢加成而成。氯乙烯合成聚氯乙烯是属于游离基反应，常用偶氮化合物和过氧化合物等作引发剂，经历链的开始、链的增长和链的终止三个阶段，最后形成了聚氯乙烯大分子。制造聚氯乙烯可采用悬浮聚合、乳液聚合、本体聚合以及溶液聚合四种聚合方法。聚氯乙烯树脂是由聚氯乙烯单体聚合而成的线型热塑性高分子化合物。

聚氯乙烯塑料是以聚氯乙烯树脂为基础加入稳定剂、增塑剂、着色剂等物质按一定比例配合而成。由于其具有机械性能优越、耐化学腐蚀、不延燃、耐气候性好、有足够的电绝缘性能、容易加工、成本低等优点，因此广泛用做电力电缆的绝缘和护套材料。

（2）聚氯乙烯的性能。

1）一般特性。从分子结构看聚氯乙烯树脂有几个基本特性：以碳链为主链，分子结构呈线性，具有热塑性和大分子的柔软性。分子结构中有氯原子，使树脂具有非燃性和较好的耐化学腐蚀性；同时由于氯原子的引入，破坏了晶体结构，使树脂具有无定性聚合物的特性。分子结构中含有碳－氯极性键，具有较大的极性，这使分子间的作用力较大，因而具有较大的刚性和较高的机械强度。

但是其分子结构同时决定了聚氯乙烯也有很多缺点：分子结构中有极性基团，电绝缘性能不够理想；热稳定性不够好，耐热性较低；玻璃化温度较高，耐寒性差。

2）物理机械性能。聚氯乙烯树脂为无定形聚合物，分子链中存在着两种运动单元，即分子链整体运动和链段运动，由于运动单元的双重性，使聚氯乙烯树脂在不同温度下有三种物理状态（玻璃态、高弹态和黏流态）。它的玻璃化温度 t_g 为 80℃左右，黏流温度 t_f 为 160℃左右。这样它在室温下处于玻璃状态，这很难满足电力电缆使用的要求。为了满足要求，必须将聚氯乙烯进行改性，使其在室温下能具有较高的弹性，同时又具有较高的耐热性和耐寒性。加入增塑剂能够调节玻璃化温度，也可采用内增塑方法，以增加塑性，改进柔软性。

3）化学稳定性。聚氯乙烯的化学稳定性很高，除若干有机溶剂（如环己酮）外，常温下可耐任何浓度的盐酸、90%以下的硫酸、50%～60%的硝酸以及 20%以下的烧碱（NaOH），此外对于盐类相当稳定；汽油、润滑油对它均不起作用，所以它的耐水、耐油、耐化学腐蚀性能较好，但其化学稳定性随温度升高而降低。

4）电绝缘性能。聚氯乙烯树脂是一种极性较大的电介质，电绝缘性能较好，但比非极性材料（聚乙烯、聚丙烯）稍差。树脂的体积电阻率大于 $1\times10^{13}\Omega\cdot cm$；树脂在 25℃和 50Hz 频率下的介电常数为 3.4～3.6，当温度和频率变化时，介电常数也随之明显的变化；聚氯乙烯的介质损耗角正切值 $\tan\delta$ 为 0.002～0.004。树脂的击穿场强不受极性影响，在室温和工频条件下的击穿场强比较高。但是聚氯乙烯的介质损耗较大，因而不适应于高压和高频的场合，通常应用于 10kV 以下的低压和中压电力电缆的绝缘材料，大量应用于 1kV 及以下电缆产品。

5）非燃性。聚氯乙烯在火焰上燃烧时，分解放出 HCl 气体，离开火焰即自行熄灭，因此其非燃性能好，着火时不延燃，适宜用作电缆护套，尤其是要求耐燃性好的船用、矿用电缆等。

4. 聚乙烯（PE）

（1）什么是聚乙烯。聚乙烯是由单体乙烯聚合而成的高聚物。乙烯是最简单的烯烃，常温常压下为无色可燃性气体，稍具烃类臭味，沸点 -103.8℃。单体乙烯的两个来源：由酒精脱水制备和由石油的热裂化制得。

根据生产条件的不同，聚合而成的聚乙烯可分为低密度聚乙烯（LDPE）、中密度聚乙烯（MDPE）和高密度聚乙烯（HDPE）三种。

(2) 聚乙烯的性能。

1) 化学稳定性。聚乙烯的分子结构和高级烷烃相似，都是由较稳定的 C—C 和 C—H 键相结合，故有良好的化学稳定性。

一般情况下，聚乙烯可耐酸（盐酸、氢氟酸以及硫酸）、碱及盐类水溶液的腐蚀作用，即使在较高浓度下，对聚乙烯也无显著的破坏作用。但聚乙烯不能抵抗具有氧化作用的酸类侵蚀，如硝酸，即使在较低浓度下也可导致聚乙烯氧化，而使其电绝缘性能变坏、机械强度降低，当温度升高时，这种氧化作用更显著。

聚乙烯在室温下或低于 60℃时，不溶于一般有机溶剂中，在较高温度下可溶于某些有机溶剂（如脂肪烃、芳香烃）中。

随着聚乙烯的分子结构和支链数目的不同，结晶度也不同，化学稳定性也略有差异。

聚乙烯具有较小的吸水性。在水中浸放一个月吸水性仅为 0.15%。

2) 电绝缘性能。聚乙烯分子中，分子结构对称，不含有极性基团，因此具有优良的电绝缘性能。有如下 3 个特点：

a. 介电常数和介质损耗角正切值很小，并且在很宽的范围内几乎不变，因此是很理想的高频绝缘材料。电缆绝缘的介电常数 ε 为 2.3，电缆绝缘的介质损耗角正切值 $\tan\delta$ 为 0.0001。

b. 聚乙烯的分子量对电绝缘性能影响不大。

c. 聚乙烯的体积电阻系数和击穿场强，在浸水 7 天后仍然变化不大，因此适合用于水下电气产品，如潜水电缆、海底电缆等。

半导电聚乙烯是在聚乙烯中加入导电炭黑获得的，一般应采用细粒径、高结构的炭黑。当炭黑加到一定数量后才显出导电性能，这时电阻迅速降低，以后随用量增加电阻逐渐减小，并接近各种炭黑自己的特性值。体积电阻率一般在 $1 \times 10^{-2} \sim 10 \times 10^{-2} \Omega \cdot cm$。

5. 交联聚乙烯（XLPE）

(1) 聚乙烯虽然具有一系列优点，但耐热性和机械性能低，蠕变性大及易产生环境应力开裂，妨碍聚乙烯在电缆绝缘中的应用。目前为了克服这些缺点，除在绝缘料中加入各种添加剂外，主要途径是采用交联法，即利用化学或物理方法将聚乙烯的分子结构从直链状变为三维空间的网状结构，称为交联聚乙烯。交联聚乙烯克服了聚乙烯的缺点，机械、耐热、抗蠕变以及抗环境开裂性能大大提高，同时还保持了聚乙烯的优良性能。

（2）交联聚乙烯的生产方法。

1）辐照交联。辐照交联聚乙烯是利用高能射线，包括γ射线、α射线和电子射线等照射聚乙烯绝缘层，使聚乙烯分子间产生交联。用于电缆的辐照交联是靠电子加速器产生的物理能量进行的，故属于物理交联。辐照交联的工艺是先将聚乙烯挤包在导电线芯上，然后将半成品通过辐射源进行辐照交联。聚乙烯经过辐照交联后，其电性能基本不变，交联度一般在60%～70%之间。辐照交联电缆绝缘的优点是绝缘材料不需交联剂，电缆可以高速挤出，无针孔、无气泡，交联键基本为C—C键，相对稳定，性能优于化学交联，通过特殊配合，电缆绝缘使用温度可达150℃。缺点是设备投资大、辐照均匀性差，受绝缘厚度的影响只能用于低压电缆。

2）硅烷交联。硅烷交联俗称温水交联，交联过程分接枝反应、水解反应、交联反应三个步骤，根据电缆料的加工工艺分一步法和两步法。两步法生产过程中的接枝反应是在电缆料厂进行的，用有机过氧化物作为引发剂，把不饱和的硅烷分子接枝到热塑性PE的分子链上，形成活性硅烷基，制成PE接枝料（A料），电缆料厂同时也提供含催化剂的PE母料（B料），电缆料厂将A料和B料按一定的比例混合后，在PE挤出机上挤出绝缘层。一步法电缆料厂将PE树脂、硅烷交联剂、催化剂和抗氧剂按一定的工艺混合，但不发生接枝，或者电缆料厂直接将PE树脂、硅烷交联剂等通过精确的计量输入到绝缘挤出机中，接枝反应在绝缘挤出过程中进行。前者可在一般PE挤出机上进行，但为了完成接枝，挤出温度一般较高，工艺较难掌握，后者必须使用特殊设计的挤出机进行，挤出机螺杆的长径比大于30:1。

绝缘的水解反应和交联反应是在绝缘挤出后完成的，反应过程必须具备水和温度两个必备条件，通常把挤出的硅烷交联绝缘线芯放在热水或蒸汽房中进行交联。

硅烷交联绝缘的优点是设备投资少、工艺简单，缺点是绝缘中的水分含量较高，只能用于低压电缆。

3) 化学交联。化学交联聚乙烯是以聚乙烯树脂为基料，再配合适量的交联剂（DCP）和抗氧剂，有时添加适量的填充剂（提高耐电弧、耐电蚀作用或作耐电压稳定剂）和软化剂捏合而成的聚乙烯混合料，然后将其挤包在导电线芯上，在一定压力和温度下进行交联反应而成。在交联反应过程中，与聚乙烯树脂混合均匀的交联剂分解成化学活性很高的游离基，这些游离基夺取聚乙烯分子中的氢原子，使聚乙烯主链的某些碳原子变为活性游离基，当两个大分子链上的游离基相互结合，便产生 C—C 交链，形成网状分子构型。

化学交联生产线目前主要有悬链式连续交联（CCV）和立式连续交联（VCV）两种形式。悬链式连续交联生产线，一般用于绝缘厚度相对较薄的中低电压电缆，立式连续交联生产线可生产大截面积厚绝缘的高压及超高压电缆。两种生产线可分为材料处理系统、绝缘挤出及控制系统和绝缘交联系统三个主要部分。材料的处理是指绝缘材料和屏蔽材料的烘干和传输，要求整个过程无污染，材料的处理包括开箱、送料，必须在净化室内完成，同时材料的传送应不与外界环境接触，如采用真空吸料和重力落料等方式。

绝缘挤出采用高稳定高精度挤出机设计，挤出工艺经过了单层分别挤出、三层分别一次挤出（1+2 挤出）和三层共挤的改进，绝缘挤出质量不断提高，生产线的控制系统已实现全部计算机控制、在线检测系统（如测厚仪、在线快速检测），并计算机联网实现自动控制，保证生产线的生产精度和稳定性。

(3) 交联聚乙烯的主要性能。聚乙烯在高能射线或交联剂的作用下，能使线型的分子结构变成体型（网状）的分子结构。使热塑性材料变成热固性材料。

交联聚乙烯与一般聚乙烯相比，它可以提高耐热变型性，改善高温下的机械性能，改进耐环境应力开裂和耐老化性能，增强耐化学稳定性和耐溶剂性、减少冷流性，而电气性能基本保持不变。用交联聚乙烯做绝缘材料的电缆，长期工作温度可提高到 90℃，瞬时短路温度可达 250℃。

6. 乙丙橡胶（EPR）

(1) 什么是乙丙橡胶。乙丙橡胶是以乙烯、丙烯为主要单体，采用三氯氧钒与倍半烷基铝催化体系，在常温低压下溶液混合而成。为便于硫化，加入少量非共轭二烯作为第三单体，常用1，4己二烯、双环戊二烯和乙叉冰片烯。乙丙橡胶中丙烯含量25%～45%，第三单体含量3%～10%，分子量分布较宽，平均分子量都在25万以上。

（2）从结构式上看乙丙橡胶的特点。

1）乙丙橡胶由于引入了丙烯，破坏了原来聚乙烯的结晶性，因而成为具有无定形不规整的非结晶的弹性体，既保留有聚乙烯的低温特性和分子链的倦区性，又赋予拉伸结晶类似天然橡胶的特性。

2）分子主链上没有双链，虽然引进了少量不饱和的基团，但双键处于侧链上，所以乙丙橡胶基本上是一种饱和性橡胶。

3）分子链不包含极性基团，具有非极性材料的特点，链节比较柔顺，分子间作用力比较小。

（3）乙丙橡胶的基本性能。

1）具有优异的电性能，尤其是耐电晕性，耐游离放电的能力特别突出。受潮和温度的变化对电性能影响小。

2）突出的耐老化性能，具有较高的耐热性，长期工作温度为90℃，短时可达150℃。

3）足够的机械性能，用炭黑补强后才显示较好的机械性能。

4）较好的化学稳定性，对各种极性的化学药品和酸、碱有较大的抗耐性，长时间接触后性能变化不大。

乙丙橡胶的缺点是硫化速度比一般的合成橡胶慢，对碳氢化合物油类的稳定性较差，自黏性和互黏性都很差，加工困难。总体看，它的性能优于丁基橡胶，可做耐压等级高的电力电缆的弹性绝缘材料。

7. 硅橡胶（Si-o）

（1）什么是硅橡胶。硅橡胶是一种特种橡胶，所谓的特种橡胶，就是在一项性能上超过通用橡胶，以适应特种绝缘的要求，为使得能在某一项性能上突出，所用的单体就要比通用橡胶的昂贵，所以特种橡胶的价格也为昂贵。硅橡胶以耐热著称，是一种耐热橡胶。

（2）结构特点。

1）硅橡胶的组成以Si为主体，分子链由硅氧键组成，由于硅氧键的键能（101.5kcal/mol）比碳碳键（62.8kcal/mol）大的多，而且硅是不燃元素，具有无机材料的特点，所以耐热性很高。

2）分子侧链上连接有机基团，提供了分子链可旋性的条件，是分子链保持高度柔软性。

3）分子结构中没有双键，属于饱和性橡胶，所以它具有非极性橡胶的特点。

（3）硅橡胶的特性。

1）较高的耐热性和优异的耐寒性。

2）优良的电绝缘性。它又具有无机材料的特点，耐电晕、耐电弧性特别优越。

3）优异的耐臭氧老化、热老化、紫外光老化和大气老化性能。

4）具有较好的耐油性和耐溶剂性能，具有良好的导热性，这有利于电力电缆的散热，提高电缆的载流量。

5）硅橡胶无色无味无毒，使用时对人体健康无不良影响，而且是疏水性的，对许多材料不粘，可起隔离作用。

6）硅橡胶的缺点。在常温下，其抗张强度、撕裂强度和耐磨性等比其他合成橡胶低得多。它耐酸碱性差，价格贵，透气性高。而且加工工艺性能差，较难硫化。

硅橡胶主要用作船舰的控制电缆、电力电缆和航空电线的绝缘材料，制造高压和超高压电缆附件的应力锥，用硅橡胶 RTV 涂料，涂在瓷绝缘子表面，提高抗污闪能力。

三、电力电缆的屏蔽材料

油纸电缆的导体屏蔽材料一般用金属化纸带或半导电纸带。绝缘屏蔽层一般采用半导电纸带。

半导电纸有单色和双色两种。半导电纸是在纸纤维中掺入胶体炭粒所制成的纸。半导电纸的表面不应有皱纹、折痕及各种不同的斑点；纸面不应有穿孔、裂口和光线通过的小孔以及肉眼可见的金属杂质微粒。金属化纸是用电缆纸作基材，用黏合剂黏合铝箔后形成的复合纸带，铝箔必须紧密地粘贴在电缆纸上，不应有脱胶和气泡存在，边缘应整齐，不应有锯齿形和倒刺现象。

塑料、橡皮绝缘电缆的导体或绝缘屏蔽材料分别为半导电塑料和半导电橡皮。是在各自的基材中加入导电炭黑获得的，一般应采用细粒径、高结构的炭黑。当炭黑加到了定数量后才显出导电性能，这时电阻迅速降低，以后随用量增加电阻逐渐减小，并接近各种炭黑自己的特性值。

应注意交联聚乙烯半导电层呈空间网状结构，用砂纸打磨后，导电性能明显降低，可通过加热的方法使内层炭黑析出，恢复导电性能。

四、电力电缆的护层材料

1. 常用的金属护套

按照加工工艺不同，有热压（连铸连轧）金属护套和焊接金属护套两种。金属材料的选择主要从 4 个方面进行考虑，即容易加工，机械强度高；非磁性材料；较好的导电性，较低的电阻率；良好的化学稳定性。目前投入实际应用的有铅护套、铝护套、铜护套和不锈钢护套。其中，铅护套和铝护套是最常用的两种金属护套。

2. 铅护套及铅的主要物理性能

铅护套加工工艺主要采用热挤包。其厚度受电压等级、截面积、载流量、系统接地电流、机械强度等的影响。根据 GB/T 11017.2—2014《额定电压 110kV（U_m=126kV）交联聚乙烯绝缘电力电缆及其附件 第 2 部分：电缆》的规定，110kV 电缆一般是 2.6~3.3mm；根据 GB/T 18890.2—2015《额定电压 220kV（U_m=252kV）交联聚乙烯绝缘电力电缆及其附件 第 2 部分：电缆》的规定，220kV 电缆一般是 2.7~3.4mm。

铅的主要物理性能：

（1）密度为 11.34g/mm^3；

（2）熔点为 327℃；

（3）20℃时，线膨胀系数为 29.1×10^{-6}/℃；

（4）电阻率为 22×10^{-8}Ω·m；

（5）抗拉强度为 18~20N/mm^2。

铅容易加工，化学稳定性好，耐腐蚀。缺点是机械强度较差，具有蠕变性和疲劳龟裂性。我国目前用作电缆金属护套的铅是合金铅，其成分是铅、锑、铜，含锑 0.4%～0.8%，含铜 0.02%～0.06%，其余为铅。经试验，在相同应力作用下，铅锑铜合金的耐振动疲劳次数约比纯铅大 2.7 倍左右。

3. 铝护套及铝的主要物理性能

铝护套加工工艺主要采用热压连铸连轧和氢弧焊接两种。其厚度也受电压等级、截面积、载流量、系统接地电流、机械强度等的影响。根据 GB/T 11017.2—2014《额定电压 110kV（$U_m = 126kV$）交联聚乙烯绝缘电力电缆及其附件 第 2 部分：电缆》的规定，110kV 电缆一般是 2.0～2.3mm；根据 GB/T 18890.2—2015《额定电压 220kV（$U_m = 252kV$）交联聚乙烯绝缘电力电缆及其附件 第 2 部分：电缆》的规定，220kV 电缆一般是 2.4～2.8mm。

铝的主要物理性能：

（1）密度为 2.84g/cm^3；

（2）熔点为 658℃；

（3）20℃时，线膨胀系数为 23.7×10^{-6}/℃；

（4）电阻率为 $2.8 \times 10^{-8} \Omega \cdot m$；

（5）抗拉强度为 70～95N/mm^2。

铝的蠕变性和疲劳龟裂性比铅合金要小得多，因此，铝护套电缆的外护套结构可以大大简化，直埋敷设时无需用铜带或不锈钢带铠装。缺点是铝比铅容易遭受腐蚀。

五、电缆相关其他材料

1. 环氧树脂（EP）

（1）什么是环氧树脂。含有环氧基团的树脂统称为环氧树脂。以环氧丙烷与二酚基丙烷（双酚 A）合成的双酚 A 型环氧树脂，目前产量最大、用途最广。

（2）环氧树脂特点。

1）环氧树脂分子结构中含有羟基、醚基，它们是极性基团，故黏结能力高；而且环氧基能与介质表面，特别是金属表面上的游离基形成化学键，因而能与金属、玻璃、陶瓷等黏结。

2）电绝缘性能较好。电阻率 ρ_v 为 $1\times10^{13}\Omega\cdot\mathrm{m}$，介电常数 ε 和介质损耗角正切值 $\tan\delta$ 分别为 3.7 和 0.023～0.025，固有击穿场强 E_b 为 1.71～19.7MV/m。

3）固化后的环氧树脂，机械性能较好，高于聚酯，耐磨性也好。

4）由于含有较稳定的苯环和醚键，耐化学溶剂，耐油性较好。

5）收缩性较小，热膨胀系数小，温度变化时环氧树脂的外形尺寸较稳定，不易变化，固化过程中没有副产物生成，不易产生气泡。

6）工艺性能良好，可通过浇铸、熔涂、浸渍等工艺，应用于电工许多方面和电力电缆工业。

7）未加固化剂的环氧树脂，本身存放稳定，加入固化剂，则不易久存，这给应用带来困难。

环氧树脂在固化后的各项性能往往随选用的固化剂而有改变。在电力电缆工业上主要用于制造漆包线和电力电缆接头的预制外壳和套管及绝缘密封材料，也可用做黏合剂。

（3）环氧树脂的固化。环氧树脂是线型分子，没有实用价值，必须用固化剂使线型环氧树脂交联成网状结构的巨大分子，成为不溶的固化产物。

环氧树脂的固化剂有两大类，即胺类和酸肝类。胺类固化剂一般具有能室温固化、固化速度快、黏度低、使用方便等优点，但容易挥发、使用寿命短、有毒性。酸肝类固化剂固化后的性能好，机械强度、耐磨性和耐热性也较好，固化过程放热少，因而收缩性小，不过除少数在室温下是液体外，绝大多数是易升华的固体，一般都要加温固化，操作不太方便。环氧树脂复合物是指环氧树脂、填充剂和硬化剂的复合物。填充剂是为了提高固化后的机械强度，或为了降低成本而加入的物质。环氧树脂与填充剂仅是机械混合，硬化剂与环氧树脂才起化学反应。

（4）常用环氧树脂。

1）种类。在电缆工程中应用的环氧树脂主要有 618、634 和 6101 三种牌号。634 价格便宜，但软化点高，黏度大；618 软化点低，黏度最小，但价格贵；6101 软化点和黏度都比较低，价格便宜，是使用最多的一种。

固化剂可分为常温固化剂和高温固化剂两大类。常温固化剂在室温或稍加温后即可使环氧树脂复合物固化成型，现场施工均采用这种硬化剂。聚酰胺树脂常温固化剂有651和650两种牌号。由于650胺值低，用量比651多一倍。

填充剂可以减少环氧树脂的用量，降低成本，同时还可以改善环氧树脂复合物固化以后的性能，如提高机械强度和耐热性等。填充剂种类很多，常用的有石英粉、滑石粉和云母粉等。使用最普遍的是粒径为0.06mm的石英粉。

2）配方。

a. 环氧树脂复合物的配方：环氧树脂6101，100份重；石英粉，150～200份重；聚铣胺树脂651，35～45份重。

b. 环氧树脂涂料的配方：环氧树脂6101，100份重；聚酰胺树脂651，35～45份重。

若使用聚酰胺树脂650固化剂，则质量增加一倍，即70～90份重。环氧树脂复合物用于浇注电缆终端头或中间接头，环氧树脂涂料和玻璃丝带结合用于电缆终端头或中间接头的端部密封。

3）使用注意事项。配制前，应将环氧树脂和石英粉进行干燥。配制环氧树脂复合物要特别注意可灌注期。可灌注期就是从加入固化剂开始，到环氧树脂的稠度逐渐变大，不能灌注为止。可灌注期与加入固化剂时环氧树脂和石英粉混合物的温度有很大关系，温度越高可灌注期越短。可灌注期短对施工不利，但对浇注质量却有好处，因为在此情况下，黏度低，流动性好，复合物能够顺利地淌满各个缝隙，不易产生气孔。另外，周围环境温度和浇灌量的多少也是影响可灌注期的重要因素。总之，一般冬天取环氧树脂与石英粉混合物温度为80℃左右加入聚酰胺树脂，夏天取70℃左右，如果环氧树脂用量在0.8kg以上，则可降低温度5℃。配制环氧树脂涂料，夏天可在室温下加入聚酰胺树脂，冬天则应加热至40～45℃时加入。

为了了解现场条件下环氧树脂和固化剂的反应情况，使施工人员对可灌注期做到心中有数，可事先做几个小型试验，并做好记录。这样可以更好地掌握环氧树脂的浇注工艺，使施工质量得到可靠保证。

2. 防火涂料和防火带

我国 20 世纪 70 年代后期开始把防火涂料用于电缆上，之后又研制了改性氨基膨胀型防火涂料和防火包带，现已得到广泛应用。膨胀型防火涂料的主要特点是，以较薄的覆盖层起到较好的防火、阻燃效果，几乎不影响电缆的载流量。由于涂料在高温下比常温时膨胀许多倍，因此能充分发挥其隔热作用，更有利于防火阻燃，却不至于妨碍电缆的正常散热。这种涂料具有刷涂和喷涂施工方便的优点，即使在狭窄沟道、隧道空间也可进行施工。涂刷前应先将电缆表面的泥砂、油渍清除掉，然后用漆刷刷涂或喷枪喷涂。防火效果的关键是必须保证涂料层的厚度。由于涂料的黏度有限，要分多次涂刷才能达到要求的厚度，每次涂刷漆膜厚度在 0.2～0.3mm 左右。第一次涂刷后经 12～24h 再涂第二次，以后依次循环。第一次涂刷的厚度宜薄不宜厚，否则会使整个涂层的附着力降低。为增强涂料的附着力，可在涂刷前先在电缆外叠绕一层玻璃丝带，然后再涂刷。涂料的主要缺点是涂膜的机械强度有限，需设法维护，使其不受外力损伤。然而对于大截面积电缆的热胀冷缩，涂膜也不一定能适应，故防火涂料多应用于中低压电缆，不适用于大截面的高压电缆。

防火包带的主要特点在于弥补涂料的缺点，适合于大截面的高压电缆，具有加强机械强度的保护作用。施工比涂料简便，能准确把握缠绕厚度，质量易得到保证。缺点是缠绕时需要有一定的活动空间，在密集的电缆架上施工不方便，又因包带不具有膨胀性能，故较膨胀防火涂料的覆盖厚度厚，对电缆的正常载流能力有影响。

3. 防火堵料、填料

国内外多次电缆火灾事故充分显示了电缆贯穿墙壁或楼板的孔洞未封堵时所产生的严重后果。在电缆火势蔓延下，波及控制室或开关室的设备，造成盘、柜严重受损。变电站盘柜受损后修复极耗时间，造成长时间的停电，即使火灾直接损失有限，但停电带来的经济损失巨大。因此，电缆贯穿孔洞的封堵已受到普遍的重视。防火堵、填料有 7551－Ⅱ型发泡型电缆密封填料、DMT 灌注型电缆耐燃密封填料、DMT－J2 嵌塞型填料和 DFD－Ⅱ电缆防火堵料等。

7551-Ⅱ型发泡型电缆密封填料的特点是物料渗透性强，发泡时涨力大，密封性能好，尤其对根数较多的成束电缆穿过墙壁的填料盒或电缆洞时具有优良的水密封性能。成型后的填料质量轻，阻水性好，填料固化成型时间短，可拆性好。

DMT灌注型电缆耐燃密封填料是用于舰船电缆密封装置中阻火防火的密封填料，也用作建筑物或电力部门电缆穿孔处的密封填料。该填料灌注方便，硬化后硬度适中，具有弹性，有极其良好的水密性能。

DMT-J2嵌塞型填料可广泛应用于金属、塑料管的密封，也可用于地下建筑、高层建筑电缆贯穿部位的密封、防火和阻燃。

DFD-Ⅱ型电缆防火堵料具有良好的阻火堵烟性能，主要用于工矿企业、民用与高层建筑各种供电系统中堵塞电缆孔洞的缝隙。

4. 六氟化硫气体（SF_6）

六氟化硫分子呈正八面体结构，6个顶点是氟原子，硫原子在正中心，6个硫氟键相互垂直，分子的外层被电负性很强的氟原子所包围，因此，六氟化硫分子具有很强的附着电子的能力。

在一般情况下，六氟化硫的热稳定性、化学稳定性都很强，且无毒、无色、无臭、不燃不爆。在500℃温度下也不容易分解；与水、氢、氧、氢氧化钙和盐酸溶液也都不起化学作用，仅微溶于醇，在水中溶解度极低。由于六氟化硫分子结构对称，属于非极性气体电介质。六氟化硫的临界温度为45.6℃，在高于临界温度时，在任何压力下六氟化硫均成气态。六氟化硫具有很好的绝缘性能和灭弧能力，在均匀电场中其耐电强度为空气或氮气的2.3倍，在不均匀电场中为3倍；在3～4个大气压力下其耐电强度与一个大气压力下的变压器油相近。在熔断器的灭弧室中，其灭弧能力约为空气的100倍，也远比压缩空气强。六氟化硫比空气具有更好的热交换能力。

纯六氟化硫气体本身是无毒的，但在合成六氟化硫时，往往产生少量的有毒副产物。它的气体密度较大（20℃、一个大气压下为6.25g/cm³，空气中为1.116g/cm³），在充有六氟化硫气体的设备和安装采用六氟化硫气体的电缆地沟中在没有良好的通风条件下，对人有窒息危险。由于六氟化硫具有良好的综合性能，在全封闭的电缆及其他绝缘结构如电器、电容器以及干式变压器中获得较广泛的应用。

在电力电缆中，随着输电能力的增大，电压级的提高，采用六氟化硫气体的压缩气体电缆可保证电缆具有较小的电容、较低介质损耗，并具有较好的导热、散热能力，从而使电缆传输容量大为增加。

5. 聚丁烯高压电缆油

聚丁烯高压电缆油是使用石油气中的丁烯（包括丁烯－[1]、丁烯－[2]、异丁烯）聚和而成的。

在聚合时，调节其分子量就可以制成不同黏度的高压电缆油。其中，中黏度的聚丁烯高压电缆油用于钢管充油电缆，高黏度的聚丁烯高压电缆油用于低压电缆。

聚丁烯油具有较好的电绝缘性能，介质损耗角正切值 $\tan\delta$ 较小，介电常数 ε 为 2.2，聚丁烯油具有不饱和性，在强电场下能够吸气，与石油质电缆油相比，耐老化性能好。

中、低分子量聚异丁烯为无色或淡黄色黏稠状液体或半固体。无毒、无味，具有优良的耐酸碱、耐紫外线、耐候性和良好的电绝缘性，与聚乙烯、石蜡等有着较好的相容性，能溶于汽油、苯等有机溶剂，不溶于水、醇类溶剂。

6. 聚四氟乙烯（F-4）

（1）什么是聚四氟乙烯。聚四氟乙烯简称 F-4，是一种工程塑料。它具有广泛的频率范围及高低温使用范围、优异的化学稳定性、高的电绝缘性、突出的表现不黏性、良好的润滑性以及耐大气老化性能。

（2）聚四氟乙烯的性能。

1）物理性能。聚四氟乙烯是一种高结晶度的聚合物，它的螺旋状结晶的晶格距离变化在 19、29、327℃有转折点，即晶体在这三个温度上下，其晶体结构会发生突变。因此在这三个转折点上对聚四氟乙烯的加工工艺来说是很重要的。19℃的晶体转变温度主要对加工聚四氟乙烯坯料极为重要。327℃是聚四氟乙烯的熔点，严格说在此温度以上，结晶结构消失，转变为透明的无定性凝胶状态。该特性决定了聚四氟乙烯不能采取一般热塑性树脂的方法进行加工，而是采用烧结加工工艺。

聚四氟乙烯结晶度的大小，对电线的物理和力学性能有一定的影响。结晶度大，聚四氟乙烯的密度也大，物理力学性能有所提高。

2）绝缘性能。聚四氟乙烯具有优异的电绝缘性，由于它的分子链中的氟原子对称，均匀分布，不存在固有的偶极距，使介质损耗角正切值和相对介电系数在工频到 $1\times 10^9 Hz$ 范围内变化很小。聚四氟乙烯的绝缘电阻很高，其体积电阻率一般大于 $1\times 10^{15}\Omega \cdot m$，即使长期浸于水中变化也不显著，随温度变化也不大。

聚四氟乙烯的击穿场强很高，很薄的聚四氟乙烯薄膜，其击穿场强可达200kV/mm，但随着厚度的增大，击穿场强逐渐降低。

3）其他性能。有很好的耐湿性和耐水性，耐气候性优良，耐辐照性欠佳。

7. 硅油

硅油是一种不同聚合度链状结构的聚有机硅氧烷。它是由二甲基二氯硅烷加水水解制得初缩聚环体，环体经裂解、精馏制得低环体，然后把低环体、封头剂、催化剂放在一起调聚就可得到各种不同聚合度的混合物，经减压蒸馏除去低沸物就可制得硅油。在电缆工程中，硅油可用作电缆终端中的绝缘剂，硅脂可用作润滑剂和填充绝缘缝隙。

（1）硅油的结构分类。硅油按化学结构分为甲基硅油、乙基硅油、苯基硅油、甲基含氢硅油、甲基苯基硅油、甲基氯苯基硅油、甲基乙氧基硅油、甲基三氟丙基硅油、甲基乙烯基硅油、甲基楚基硅油、乙基含氢硅油、拜基含氢硅油、含氰硅油等。

（2）硅油的物理特性。硅油一般是无色（或淡黄色）、无味、无毒、不易挥发的液体。硅油不溶于水、甲醇、乙醇和乙氧基乙醇，可与苯、二甲醚、甲基乙基酮、四氯化碳或煤油互溶，稍溶于丙酮、二恶烷、乙醇和丁醇。它具有很小的蒸汽压、较高的闪点和燃点、较低的凝固点。随着链段数的不同，分子量增大，黏度也增高，因此硅油可有各种不同的黏度，从 0.65 直到上百万。如果要制得低黏度的硅油，可用酸性白土作为催化剂，并在 180℃温度下进行调聚，或用硫酸作为催化剂，在低温度下进行调聚，生产高黏度硅油或黏稠物可用碱性催化剂。

（3）硅油的化学特性。硅油具有卓越的耐热性、电绝缘性、耐候性、疏水性、生理惰性和较小的表面张力，此外还具有低的黏温系数、较高的抗压缩性，有的品种还具有耐辐射的性能。

8. 电瓷

（1）什么是电瓷。电瓷是陶瓷的一种，主要是由黏土、长石、石英（或铝氧原材料）等铝硅酸盐原料混合配制，经过加工成一定形状，在较高温度下烧结而得到的无机绝缘材料。这种材料的共同特点是比较硬和脆，但是这种材料更能耐高温和耐严酷的环境。

陶瓷有两种晶体结构，即离子键构成的离子晶体和共价键组成的共价晶体。离子晶体中，原子直径大的非金属元素作为负离子，排列成各种不同晶格；原子直径小的金属元素作为正离子，处于非金属原子间隙里。离子键能较高，于是正负离子结合牢固。共价晶体中，其共价电子往往偏向较负电性一边，这样的极化共价键具有离子键的特征，同样有很高的结合能。

陶瓷的性能不但与其晶体结构有关，而且更与组织的物相结构密不可分。尽管陶瓷组织结构非常复杂，但它们都由晶相、玻璃相、气相组成。各相的组成、数量、形状和分布都会影响陶瓷的性能。

晶相是陶瓷的基本组成。由硅酸盐矿物做原料的陶瓷为硅酸盐结构晶相，它是由 SiO_4 四面体结构单元以不同方式相互连成的复杂结构。

玻璃相是陶瓷烧结时，各组成物和杂质因物理化学反应后形成的液相，冷却凝固后仍为非晶态结构的部分。它分布在晶体之间，起黏结晶体、填充气孔空隙和抑制晶粒长大的作用。

气相即陶瓷中残留的气体形成的气孔。气孔主要由于材料和工艺等原因形成的，它使陶瓷的一些性能下降。

（2）陶瓷的性能。

1）力学性能。最突出的特点是高硬度、高耐磨性，这些性能都大大高于金属。几乎没有塑性，完全是脆性断裂，故冲击韧度和断裂韧度很低，抗拉强度低，但抗压强度高，弹性模量高，可达金属数倍。

2）热性能。陶瓷的熔点很高，有很好的高温强度。高温抗蠕变能力强，1000℃以上也不会氧化。热膨胀系数低，导热性小，但其抗热振性差，温度

3）化学性能。陶瓷在室温和高温都不会氧化，对酸、碱、盐有良好的抗腐蚀能力，可谓化学稳定性很高的材料。

4）电性能。陶瓷有较好的电绝缘性能，但表面易受污秽影响。

第五节　电力电缆绝缘

一、电力电缆绝缘层中的电场分布

1. 单芯电缆绝缘层中电场的分布

任何导体在电压的作用下，均会在其周围产生一定的电场，其强度与电压的高低、电极的形式和电极间的介质等因素有关。在大多数情况下，电缆线芯和绝缘层表面具有均匀电场分布的屏蔽层，电缆的长度一般比它的直径大得多，边缘效应不予考虑。因此，单芯或分相屏蔽型圆形线芯电缆的电场均可看作同心圆柱体场。电场的电力线全是径向的，如图1-13所示。垂直于轴向的每个截面的电场分布均是一样的，由于截面为轴对称的缘故，这个平面电场分布仅与半径有关，经过数学推导，计算单芯电缆绝缘层内在距线芯中心点为 r 处的电场强度的公式为

$$E = \frac{U}{r \ln R/r_c} \qquad (1-1)$$

式中　E——电场强度；

R——绝缘层的外径，也即绝缘屏蔽层的内径；

r_c——导体屏蔽层的外径；

U——电压。

对于某一特定的电缆，U、R 和 r_c 已经确定，是恒定的，只有 r 是自变量。显然，当 $r = r_c$ 时，E 最大；当 $r = R$ 时，E 最小。所以单芯电缆绝缘层中的最大电场强度 E_{max} 位于线芯表面上，最小电场强度 E_{min} 位于绝缘层外表面上，电缆绝缘层中电场强度的分布情况如图1-14所示。

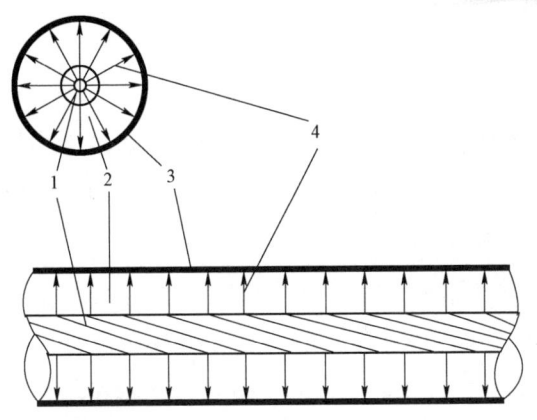

图 1-13 单芯电缆绝缘层中电场的分布
1—导体；2—绝缘；3—外半导电屏蔽；4—径向电力线

通常，我们把绝缘层中的平均电场强度与最大电场强度之比称为该绝缘层的利用系数。利用系数越大，说明电场分布越均匀，也就是说绝缘材料利用的越充分。对于均匀电场分布的绝缘结构，如平行电容极板间电场，其绝缘材料利用最充分，它的利用系数等于 1，电缆绝缘层的利用系数均小于 1，绝缘层越厚，利用系数越小。

通过理论分析可知，当导电线芯外径 r_c 与绝缘层外径 R 之比等于 0.37 时，线芯导体表面的最大电场强度 E_{max} 最小，当 r_c 与 R 之比在 0.25～0.5 之间时，导体表面最大电场强度变化范围不大。对于 10kV 电缆，在制造电缆时，不论其导体截面积的大小，采用相同的绝缘厚度。

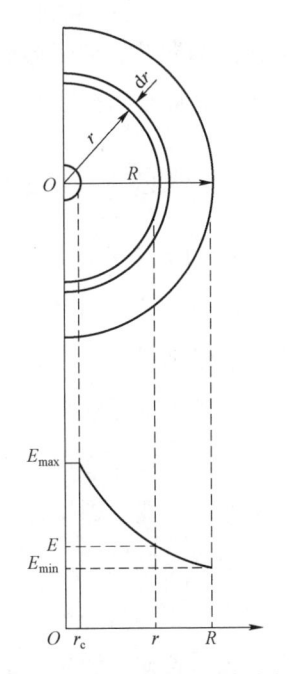

图 1-14 电缆绝缘层中电场强度的分布

2. 多芯电缆绝缘层中电场的分布

多芯电缆绝缘层中电场的分布比较复杂，一般用模拟实验方法来确定，在此基础上再近似求最大电场强度。三芯电缆绝缘层中的电场可视为一平面场，外施三相平衡交流电压时，此电场为一随时间变化的旋转电场。由于三芯电缆电场的互相堆积作用，使电场的分布很不规则。当导体为圆形时，统包型电缆的最大电场强度在线芯中心连接线与线芯表面交点上。

3. 集肤效应和邻近效应

导线中流过交流电时，电流在导体截面上分布是不均匀的，越接近表面电流密度越大。这种电流比较集中地分布在导体表面的现象称为集肤效应。集肤效应增加了导体的电阻，减小了内电感。

由于导体之间电磁场的相互作用影响了导体中传导电流分布的现象称为邻近效应。当导体截面积较大、相距很近或频率很高时，需考虑邻近效应。

对于电缆线路来说，集肤效应和邻近效应的存在将使电缆线芯的交流电阻（也叫有效电阻）增大，从而使电缆的允许载流量减小。集肤效应系数的大小主要与线芯的结构有关，为了降低集肤效应，大截面积电缆可采用分裂导体结构线芯。邻近效应系数的大小主要与线芯的直径和间距有关，为了降低邻近效应，可增加电缆间的距离，但必须结合电缆路径综合考虑。

二、电力电缆绝缘层厚度的确定

1. 决定电缆绝缘层厚度的三个因素

（1）工艺上允许的最小厚度。根据工厂制造工艺的可能性，绝缘层肯定有一个最小厚度。1kV 及以下的电缆的绝缘厚度如果按电气计算结果是很小的，在工厂中无法生产，所以基本上是按工艺上规定的最小厚度来确定的。

（2）电缆在制造和敷设安装过程中承受的机械力。电缆在制造和敷设安装过程中，要受到拉力、压力、扭力等机械力的作用。1kV 及以下的电缆，在确定绝缘厚度时，必须考虑其可能承受的各种机械力。同电压的较大截面积低压电缆比较小截面积低压电缆的厚度要大一些，原因就是前者所受的机械力比后者大。当满足了所承受的机械力的绝缘厚度，其绝缘击穿强度的安全裕度是足够的。

（3）电缆绝缘材料的击穿强度。6kV 及以上电压等级的电缆，决定绝缘厚度的主要因素是所用绝缘材料的电气性能，特别是绝缘材料的击穿强度。

电缆在电力系统中要承受工频电压 U_o。U_o 为设计电压，一般相当于电缆线路的相电压。计算电缆绝缘厚度时，要取电缆的长期工频试验电压，它是 $(2.5\sim3.0)\ U_o$。

电缆在电力系统中还要承受冲击类型的大气过电压和内部过电压,大气过电压即雷电过电压。电缆线路一般不会遭受直击雷,雷电过电压只能从连接的架空线侵入。装设避雷器能使电缆线路得到有效保护。因此电缆所承受的雷电过电压取决于避雷器的保护水平 U_p(U_p 是避雷器的冲击放电电压和残压两者之中数值较大者)。通常,取 (120%~130%) U_p 为线路基本绝缘水平 BIL,也即电缆雷电冲击耐受电压。电力电缆雷电冲击耐受电压见表 1-5。确定电缆绝缘厚度,应按 BIL 值进行计算,因为内部过电压(即操作过电压)的幅值,一般低于雷电过电压的幅值。

表 1-5　　　　电力电缆雷电冲击耐受电压值

额定电压 (U_0/U,kV)	8.7/10	12/20	21/35	26/35	64/110	127/220	190/330	290/500
雷电冲击耐受电压 (BIL,kV)	95	125	200	250	550	950 1050	1175 1300	1550 1675

注　对于 220kV 及以上电缆的两个 BIL 数值,应根据避雷器的保护特性、变压器及架空线路的冲击绝缘水平等因素经计算适当选取。

2. 绝缘层厚度的计算

综上所述,中压及以上电力电缆的绝缘厚度,一般是根据电缆在设计使用期限内能安全承受电力系统中各种电压(工频、冲击、操作、故障过电压等)这一条件来确定的,根据目前的电力系统情况,额定电压在 400kV 及以下时能承受系统中所规定的工频电压和冲击电压的电缆绝缘层,基本都能承受规定的操作过电压、故障过电压,因此电缆绝缘层厚度主要根据长期工频试验电压和冲击电压(线路基本绝缘水平 BIL)分别计算,并且取两种计算结果中厚度大的。

三、温度、水分、杂质、气隙、突起对电缆绝缘性能的影响

1. 油浸纸绝缘击穿机理

油浸纸绝缘电缆的外面有铅包或铝包金属护套,浸渍剂的体积膨胀系数为铅或铝金属固体材料的十几倍。随着电缆运行温度上升时,电缆各组成部分发生热膨胀。由于浸渍剂的膨胀系数较大,金属护套必然受到浸渍剂的膨胀压力而胀大,而当电缆温度下降时,浸渍剂会收缩,由于金属护套的塑性

变形不可逆变，因此在金属护套内部的绝缘层中就会形成气隙。气隙一般分布在绝缘层的内层、靠近线芯表面，因为在电缆冷却时，热量首先从电缆绝缘最外层散出，这时绝缘内层温度相对较高，黏度较低的浸渍剂向外层流动来补偿外层浸渍剂的体积收缩，因此在绝缘外层形成气隙的可能性较小。当绝缘内层也开始冷却时，此时浸渍剂的黏度已经较高，流动性减小，浸渍剂由于体积收缩而得到补偿的机会也越小，越往线芯方向，则这种现象越严重。所以越靠近线芯形成气隙的可能性越大，而最终形成的气隙量也最大。

气体的击穿强度比浸渍纸的击穿强度低许多，因此在较高电压作用下，气隙将首先发生击穿，即常说的局部放电现象；气隙越大，电场强度越大，就越容易产生局部放电。前面已经计算出了最大场强位于线芯表面，因此可以说局部放电应最先发生在靠近电缆线芯表面绝缘层内的气隙中，图1-15所示为油浸纸绝缘电缆绝缘层内局部放电发展过程。

在图1-15（a）所示过程中，线芯附近浸渍剂中的气隙首先发生局部放电，分解后放出气体，扩大气隙，并产生离子撞击下一层纸带，赶走纸带中所含浸渍剂，游离放电过程向绝缘外表面发展。在图1-15（b）所示过程中，在局部放电扩大过程中生成碳粒子并形成碳粒通道，而具有线芯电位的尖端伸入绝缘层内部会产生沿纸带表面方向的切向电场分量，并逐渐增大，一般纸带沿表面击穿强度为垂直纸带方向的1/10，所以局部放电将最终导致沿纸面方向移滑（树枝）放电的产生。在图1-15（c）所示过程中，局部放电作用于纸表面上，浸渍剂分解而形成的导电碳粒进一步使绝缘层内部的电场强度增加，放电逐渐加强并且从一层纸带间隙沿着纸面经另一层纸带间隙呈螺旋形地不断向外发展，最终导致整个绝缘的击穿。

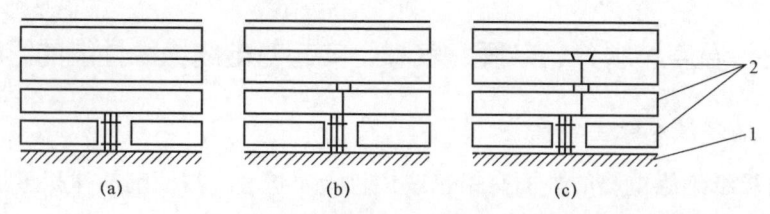

图1-15 油浸纸绝缘电缆绝缘层内局部放电发展过程说明图
（a）局部放电发生；（b）局部放电发展；（c）局部放电击穿
1—线芯；2—浸渍纸

2. 交联聚乙烯绝缘击穿机理

经过大量的试验研究和数十年交联聚乙烯绝缘电缆的运行，都已经证明树枝老化是导致交联聚乙烯绝缘发生击穿的主要原因。树枝可以分为三种类型。

（1）水树枝。这是交联聚乙烯绝缘最常见也是最多的一种树枝现象，它是在交联聚乙烯绝缘电缆进水受潮的情况下，由于电场和温度的作用而使绝缘内形成树枝状老化现象。水树枝现象在较低的电场作用下即可发生，其特点为树枝内凝聚有水分，树枝密集而且大多不连续。电场使水分不断迁移，树枝不断生长，最终导致电缆击穿。

（2）电树枝。存在于导体表面的毛刺和突起、绝缘层中的杂质等形成绝缘层中电场分布畸变，场强高度集中引发局部放电，导致绝缘成树枝状老化现象。其特点为树枝内无水分，树枝连续相清晰。电树枝导致电缆击穿要比水树枝快得多。

（3）电化树枝。交联聚乙烯电缆在长期运行过程中，周围的化学溶液渗入电缆内部，与金属发生化学反应并形成有腐蚀性的硫化物，最终在电场作用下进入绝缘内而形成电化树枝。这种树枝与水树枝一样可以在较低的场强下产生。其特点为树枝呈棕褐色，分支少且较粗。

3. 温度对绝缘性能的影响

一般随着温度升高，电缆绝缘材料性能，如绝缘电阻、击穿场强等，均呈明显下降趋势。为防止电缆绝缘加速老化或发生热击穿，电缆的运行温度必须控制在绝缘材料所允许的最高工作温度以下。

4. 水分对绝缘性能的影响

电缆绝缘中含有水分，无论是油纸绝缘还是挤包绝缘，都会对绝缘性能产生不良影响。水分会使绝缘的电气性能明显降低。含水率大，会使油纸绝缘击穿电压下降，会使电缆纸损耗角正切值 $\tan\delta$ 增大，体积电阻率下降。电缆纸含水，其机械性能也有明显变化，抗拉断强度下降。水分的存在，还可使铜导体对电缆油的催化活性提高，从而加速绝缘油老化过程的氧化反应。

挤包绝缘中如果渗入了水分，在电场作用下会引发树枝状物质——水树枝。水树枝逐渐向绝缘内部伸展，导致挤包绝缘加速老化直至击穿。当导体表面含有水分时，由于温度较高的缘故，由此引发的水树枝对挤包绝缘产生的加速老化过程要更快些。

5. 气隙、杂质的影响

如果电缆绝缘中含有气隙，由于气隙的相对介电常数远小于电缆绝缘的相对介电常数，在工频电场的作用之下，气隙承受的电压降要远大于附近绝缘中的电压降，即承受较大的电场强度，而气隙的击穿强度比电缆绝缘的击穿强度小很多，就会造成气隙的击穿，也就是局部放电，随着气隙的多次击穿，气隙会不断扩大，放电量逐渐增加，直至发生电击穿或热击穿而损坏电缆。

杂质的击穿强度比绝缘的击穿强度小得多，如果电缆中含有微量的杂质，在电场的作用下，杂质首先发生击穿，随着杂质的炭化和气化，会在绝缘中生成气隙，引发局部放电，最终导致电缆损坏。如果电缆中含有大量的杂质，在电场的作用下会直接导致电击穿而损坏电缆。

四、电力电缆局部放电及击穿机理

1. 局部放电及击穿机理

电力电缆绝缘中部分被击穿的电气放电，可以发生在导体附近，也可以发生在绝缘层中的其他地方，称为局部放电。由于局部放电的开始阶段能量小，它的放电并不立即引起绝缘击穿，电极之间尚未发生放电的完好绝缘仍可承受住设备的运行电压，但在长时间运行电压下，局部放电所引起的绝缘损坏继续发展，导致热击穿或电击穿，最终导致绝缘事故发生。电力电缆绝缘内部由于各种原因，存在一些气隙、杂质突起和导体的毛刺等，这些就是发生局部放电的根源。

下面以电缆绝缘中含有气隙为例简要解释局部放电的过程。

厚度为 L 的绝缘中存在一个厚度为 δ 的气隙 c，与气隙 c 并联的绝缘用 a 表示，与气隙 c 串联的绝缘用 b 表示。气隙的存在可以简化为气隙的电容 C_c 和气隙电阻 R_c 并联，然后与绝缘 b 的电容 C_b 和电阻 R_b、绝缘 a 的电容 C_a 和电阻 R_a 并联后的串联回路，如图 1-16 所示。

第一章　电力电缆基础知识

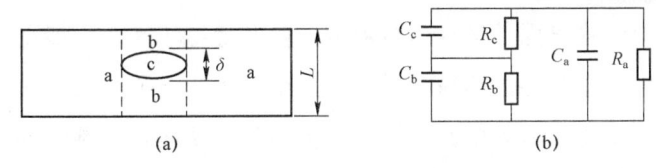

图 1-16　气隙及其等效电路图
(a) 气隙示意；(b) 等效电路

当在电缆上施加交流工频电压时，气隙上电压由其电容分压，并随外施电压变化而变化。当分压电压的数值足够大（大于气隙的击穿电压）时，气隙发生瞬间放电，并使气隙中气体电离，产生正负离子或电子。这些带电的质点在电场作用下，迁移到气隙壁上，形成与外加电压方向相反的内部电压，这时气隙上总电压是两者叠加的结果。当总电压小于气隙的击穿电压时，气隙放电就停止。以后气隙上电压又随外加电压升高而增大，重新达到击穿电压，出现第二次放电。由于一次放电时间很短，这样在 1/4 周期内可能出现多次放电。

同理，当电缆上的外施电压达到峰值而后下降时，气隙中的反向电压使气隙重新击穿放电。只不过这次放电所产生的带电离子或电子迁移方向和前面放电时迁移方向相反，于是带电质点到达气泡壁时，中和原来的积累电荷，使内部建立的电压减少，放电又停止。直到外施电压又下降，并且气隙上的反向电压再次大于气隙的击穿电压时，气隙又发生放电。这样在这个 1/4 周期内可能出现多次放电。

在电缆外加电压过零时，气隙上所积累的电荷全部被中和。下半周期又开始和上半周期一样的放电过程。

当局部放电的能量足够大，在较短时间内引起绝缘内温度急剧上升，使绝缘性能严重下降，从而导致电缆绝缘的热击穿。当局部放电的能量不够大，不能引起电缆绝缘的热击穿，但在较长的时间内，局部放电会使气隙不断扩大，所剩好的绝缘层不断较少，当所剩的绝缘层不能承受外施的电压时，就会发生电击穿。

2. 电缆附件安装中容易引起局部放电的注意事项

（1）安装环境要保持清洁，防止灰尘等杂质落入电缆绝缘外表面或应力控制管和应力锥的内表面而引起局部放电。

(2）电缆绝缘表面的半导电颗粒要去除和擦拭干净，不能用擦拭过半导电层的清洁纸（布）擦拭绝缘表面，防止引入半导电杂质而引起局部放电。

（3）电缆绝缘表面要打磨光滑，不能出现小凹陷，在绝缘外表面与应力锥内表面之间出现气隙而引起局部放电。

（4）电缆绝缘外径与应力锥内径的过盈配合一定要符合要求，防止出现局部气隙而引起局部放电。

（5）连接管和端子压接等连接后的表面一定要打磨光滑，防止出现毛刺而引起局部放电。

（6）中间接头的连接管与屏蔽罩的等电位连接一定要可靠，防止松动而引起局部放电。

（7）高压及超高压电缆在安装附件前，加热调直一定要充分，防止以后的绝缘回缩产生空隙而引起局部放电。

五、电力电缆绝缘的老化和寿命

1. 绝缘老化和寿命的基本概念

绝缘材料的绝缘性能发生随时间不可逆下降的现象称为绝缘老化。绝缘老化主要表现在以下几个方面：击穿场强降低、介质损失角正切值 $\tan\delta$ 增大、机械强度或其他性能下降等。按产生绝缘老化的原因分类有电老化和化学老化，此外受潮、受污染等也会导致老化。

由于老化的逐步发生和发展，使绝缘性能逐步降低，当达到规定的容许范围之下，致使电缆绝缘不能继续承受电网运行电压、操作过电压或大气过电压，这一过程所需的时间称为电缆绝缘的寿命。绝缘材料性能随时间下降的曲线称为老化曲线或寿命曲线。

在正常运行情况下，油纸电缆绝缘的寿命一般为 40 年以上，交联聚乙烯电缆绝缘的寿命一般为 30 年以上。

2. 交流电压下电缆绝缘老化的主要原因

（1）局部放电。如果绝缘中存在长期的局部放电，油纸绝缘浸渍剂及纸纤维分解，形成气体析出，产生高分子聚合物。局部放电能使交联聚乙烯绝缘内部空隙处逐步形成电树枝，并向纵深发展，直至发生绝缘电击穿

第一章　电力电缆基础知识

或热击穿。

（2）绝缘干枯。黏性浸渍纸绝缘电缆，在冷热循环作用下金属护套产生不可逆的塑性变形，在绝缘中产生空隙，使起始放电电压降低，$\tan\delta$ 增大，当电缆线路垂直落差较大时，高端浸渍剂流失，绝缘干枯，加速绝缘老化，导致高端电缆容易击穿。

（3）温度对老化的影响。在温度较高时，任何绝缘材料的绝缘电阻都会大幅降低，纸绝缘中纤维素生热分解，挤包绝缘在高温下也会加速老化作用。

（4）电缆导体和金属护套与浸渍剂接触加速绝缘油老化。尤其是当浸渍剂中含有水分时，会使金属对绝缘油老化的催化作用加速。

六、直流电缆的绝缘性能

1. 直流电压作用下电缆绝缘特性

随着直流输电的发展，也出现了直流电缆，但目前投入使用的主要是黏性油浸纸电缆和充油电缆，在有些国家，110kV 交联聚乙烯直流电缆投入了试运行。

在交流和直流电压下，电缆绝缘表现出显著不同的特性，见表 1-6。

表 1-6　　　　　电缆绝缘在交流和直流电压下的特性

项目	绝缘层电压分配	电压分配与温度关系	电场分布与负荷的关系	绝缘击穿强度
交流电压下	与绝缘的介电常数 ε 成反比分配，对油纸类绝缘电场分布不合理，气隙承受场强大	在工作温度内，ε 与温度无关，所以不受温度分布影响	电场分布稳定，最大场强始终在导体屏蔽表面，与负荷变化无关	较低，随电压作用时间增加而有所下降
直流电压下	按绝缘电阻成正比分配，电场分布合理，绝缘层中气隙承受场强较小	绝缘电阻随温度的上升呈指数关系变化，当温度改变时，电压分布有较大改变	电场分布不稳定，与负荷变化有关。无负荷时最大场强在导体屏蔽表面，当负荷增大时，导体屏蔽表面场强减小，绝缘表面场强增大	较高，电压作用时间影响较小，随温度上升而下降

2. 直流电缆的特点

（1）直流电缆主要使用黏性油浸纸电缆和充油电缆。在直流电压下，电压分配合理，气隙承受场强较小。供直流输电的高压充油电缆击穿场强可达 100kV/mm，最大工作场强可选取 30～45kV/mm。

55

（2）直流电压下，没有集肤效应和邻近效应影响电缆的载流量，铠装层不产生损耗，绝缘层中的介质损耗也可忽略。

（3）直流电压下，需采取措施防止电缆周围的电蚀。

3. 一般不采用交联聚乙烯直流电缆的原因

（1）长期在直流电压作用下，交联聚乙烯绝缘内会逐步积累空间电荷和产生内部绝缘损伤的积累效应，绝缘性能因此有所下降。

（2）直流电缆随着负荷的增加，最大场强可能出现在绝缘层表面，因此设计直流电缆，既要保证在空载时导体表面场强不超过允许值，又要保证在满载时绝缘层表面的场强不超过允许值。

第二章

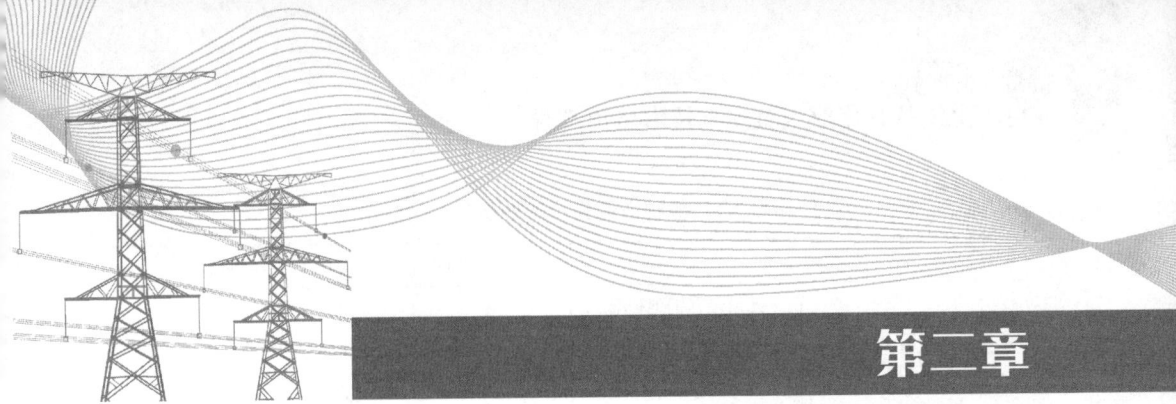

电力电缆敷设

第一节　电力电缆敷设的基本要求

对不同的电缆敷设方式有不同的技术要求，但对各种敷设方式都有共同的基本要求，主要有以下几点。

（1）油浸纸绝缘电缆敷设的最低点与最高点之间的最大位差应不超过表 2-1 的规定。若超过规定，可选择适合高落差的其他形式电缆，如不滴流浸渍纸绝缘或塑料绝缘等，必要时也可采用堵油中间接头。

表 2-1　　　　　　油浸纸绝缘电缆敷设最大允许位差

电压（kV）	电缆护层结构	最大允许敷设位差（m）
1	无铠装	20
1	有铠装	25
6～10	铠装或无铠装	15
35	铠装或无铠装	5

铝包电缆的位差可以比铅包电缆的位差大 3～5m。

（2）为防止损伤电缆绝缘，在敷设和运行中不应使电缆过分弯曲。各种电缆最小允许弯曲半径应不小于表 2-2 的规定。

表2-2　　　　　　　　　各种电缆最小弯曲半径

电缆型式		多芯	单芯
橡皮绝缘电力电缆	无铅包、钢铠护套	10D	
	裸铅包护套	15D	
	钢铠护套	20D	
塑料绝缘电力电缆	无铠装	15D	20D
	有铠装	12D	15D
油浸纸电力电缆	有铠装	15D	20D
	无铠装	20D	

注　表中 D 为电缆外径。

（3）电缆支撑点的间距应符合表2-3的规定。

表2-3　　　　　　　　　电缆支撑点间的距离　　　　　　　　　　　　mm

电缆种类		敷设形式	
		水平	垂直
电力电缆	中低压塑料电缆	400	1000
	其他中低压电缆	800	1500
	35kV 及以上高压电缆	1500	—

当设计有明确规定时按设计数值执行，随着电缆外径和质量增加，应适当增加支撑点，减小支撑点间距，或者明显增加支撑点的强度。

（4）在可能受到机械损伤的地方，如进入建筑物、隧道、穿过楼板及墙壁，从沟道引至电杆、设备、墙壁表面等，距地面高度 2m 以下的一段电缆需穿保护管或加保护装置。保护管内径为电缆外径的 1.5 倍，保护管埋入地面不小于100mm。

（5）敷设在厂房内、隧道内和不填砂电缆沟内的电缆，应采用裸铠装或非易燃性外护套电缆。电缆如有接头，应在接头周围采取防止火焰蔓延的措施。

（6）电缆敷设时，电缆应从盘的上端引出，不应使电缆在支架上及地面摩擦拖拉。电缆上不得有铠装压扁、电缆绞拧、护层折裂等未消除的机械损伤。

第二章 电力电缆敷设

(7) 机械敷设电缆时的最大牵引强度宜符合表 2-4 的规定。当采用钢丝绳牵引时，高压及超高压电缆总牵引力不宜超过 30kN。

表 2-4　　　　　　　　电缆最大牵引　　　　　　　　N/mm²

牵引方式	牵引头		钢丝网套		
受力部位	铜芯	铝芯	铅套	铅套	塑料护套
允许牵引强度	70	40	10	40	7

(8) 高压及超高压电缆敷设时，转弯处的侧压力应符合制造厂的规定，无规定时，不应大于 3kN/m。

(9) 机械敷设电缆的速度不宜超过 15m/min，高压及超高压电缆敷设时，其速度应适当放慢，一般不宜超过 6m/min。

(10) 机械敷设电缆时，应在牵引头或钢丝网套与牵引钢缆之间装设防捻器。

(11) 电缆在切断后，应将端头立即密封，防止进水和进潮。

(12) 敷设电缆时，电缆允许敷设最低温度（在敷设前 24h 内的平均温度以及敷设现场的温度）不应低于表 2-5 的规定。当温度低于表 2-5 规定值时，应采取加热措施（若厂家有要求，按厂家要求执行）。

表 2-5　　　　　　　电缆允许敷设最低温度

电缆类型	电缆结构	允许敷设最低温度（℃）
油浸纸绝缘电力电缆	充油电缆	-10
	其他油纸电缆	0
橡皮绝缘电力电缆	橡皮或聚氯乙烯护套	-15
	铅护套钢带铠装	-7
塑料绝缘电力电缆		0

(13) 减小牵引过程中的各种阻力，是限制和减小牵引力的一种有效方法。如在敷设电缆的沿线合理布置滚轮来减小摩擦阻力；在管壁和电缆之间、电缆轴与支架之间等易接触摩擦的地方涂润滑剂来减小摩擦力。

(14) 安装良好的联动控制装置，确保全线牵引设备在整个敷设电缆过程中保持匀速牵引。

(15）电缆敷设结束后，在工井、隧道内要采取合理方法将电缆固定，在工井下方的电缆上放置防护板，以防止电缆因径向机械受压、受拉而损伤电缆；还应在电缆直埋部分增加电缆防外力破坏的保护措施，如在直埋电缆上建简易沟槽，在电缆盖板上敷设警示标志带，在电缆通道立警示标志牌等。

第二节 电力电缆敷设方式

在电力电缆作为输电线路的应用中，其敷设方式多种多样。一条电缆线路既可以用单一的敷设方式，也可以用多种方式的组合，用以满足各种电缆线路路径和供电方式的需要。在电力电缆的运输、敷设过程中需制定详细的安全技术措施。

电缆的敷设方式一般有直埋敷设、电缆沟敷设、电缆隧道敷设、排管敷设和桥架、桥梁敷设等几种。其中电缆沟有普通电缆沟和充砂电缆沟两种。桥梁桥架敷设分沿专用电缆桥、沿桥梁采用支架或吊架敷设等。各种敷设方式均有优缺点，采用何种敷设方式由具体情况决定。一般要考虑城市及企业的发展规划，现有建筑物的密度，电缆线路的长度，敷设电缆的条件及周围环境的影响等。

1. 电力电缆桥架、桥梁敷设

（1）应用范围。电缆在过河时，可以搭设专用的电缆桥通过。在过江、河时也可以借助于已有的公路或铁路桥，在其上安装支架或者吊架而使电缆通过。借助桥梁过江，可使敷设施工方便、费用大大降低，因此常被应用。

（2）技术要求。

1）由于桥上的电缆经常会受到振动，因此必须采取防振措施，如加弹性材料的衬垫，或采用防振良好的橡塑型电缆。

2）在桥墩两端和伸缩缝处电缆应留有松弛部分，以防电缆由于结构膨胀和桥墩处地基下沉而受到损坏。

3）架设在木质桥上的电缆应穿在铁管中以防电缆故障时烧坏桥梁。架设在其他非燃性材料结构的桥上时，电缆应放在人行道下的电缆沟中或穿入耐火材料制成的管中，这时管的拱度不应过大，以免安装时因拉力过大而拉坏电缆。

4）电缆敷设在桥上无人可触及处，可裸露敷设，但上部需加遮阳罩。

5）悬吊架设的电缆与桥梁构架间的净距应不小于 0.5m，以免影响桥梁的维修作业。

6）电缆金属护层除有绝缘要求以外，应与桥梁钢架进行电气连接接地。

7）电缆桥架在每个支吊架上的固定应牢固，桥架连接板的螺栓应紧固，螺母应位于桥架的外侧。

8）铝合金桥架在钢制支吊架上固定时，应有防电化腐蚀的措施。

9）不宜在桥梁、桥架上装设电缆接头。

2. 电力电缆直埋敷设

（1）应用范围。直埋敷设是将电缆直接埋在地下，具有投资小、施工方便和散热条件好等优点，是最经济而且广泛采用的一种敷设方法。采用这种敷设方法，并排敷设的电缆之间需有一定的砂层间隔，这样当一根电缆发生故障时，波及另一根电缆的可能性减小，提高了供电的可靠性。但这种敷设方式电缆易受地中腐蚀性物质的侵蚀，且查找故障和检修电缆不便，特别是在冬季土壤冻结时事故抢修难度很大。

这种方式适用于地下无障碍，土壤中不含严重酸、碱、盐腐蚀性介质，电缆根数较少的场合，如郊区或车辆通行不太频繁的地方。

这种方式一般适用于中低压电缆的敷设。110kV 及以上电压等级的电缆一般不要采用直埋敷设。

（2）技术要求。

1）直埋电缆一般应选用铠装电缆。只有在修理电缆时，才允许用短段无铠装电缆，但必须外加机械保护。选择直埋电缆线路时，应注意直埋电缆周围泥土应不含有腐蚀电缆金属护套的物质。

2）电缆表面距地面的距离应不小于 0.7m。冬季土壤冻土层大于 0.7m 的地区，可适当加大埋设深度，使电缆埋于冻土层以下。引入建筑物或与地下障碍物交叉时可浅一些，但不得小于 0.3m，且应采取保护措施。

3）电缆相互水平接近时的最小净距是 10kV 及以下电缆为 0.1m；10kV 以上为 0.25m；不同使用部门的电缆为 0.5m，若电缆用隔板隔开时可降为 0.1m，穿管时不作规定。

4）电缆互相交叉时的最小净距为 0.5m，在交叉点前后 1m 范围内用隔板隔开时降为 0.25m，穿管时不作规定。

5）电缆直埋敷设时，沟底必须具有良好的土层，不应有石块或其他硬质杂物，否则应铺 100mm 的软土或砂层。电缆敷好后，上面再铺 100mm 的软土或砂层，然后沿电缆全长盖混凝土保护板，覆盖宽度应超出电缆两侧 50mm。在特殊情况下，也允许用砖代替混凝土保护板。

6）为便于检修，禁止将电缆平行敷设在管道的上面或下面，也禁止将一条电缆平行地敷设在另一条电缆的上面。电缆与地下管道接近与交叉的最小净距：与热力管道（包括石油管道）接近时为 2m，交叉时为 0.5m；与其他管道接近或交叉时为 0.5m。如对热力管道采取适当措施，使埋置电缆地点的土壤温升在任何时间均不超过 10℃，对其他管道采取适当的保护措施时，则上述净距不作规定。

7）电缆与城市街道、公路、铁路或排水沟交叉时应穿钢管保护。管内径不小于电缆外径的 1.5 倍，且不小于 100mm。管顶距路轨底或路面的深度不小于 1m，距排水沟底不小于 0.5m，距城市街道路面的深度不小于 0.7m。管长两端应伸出公路和轨道 2m，在城市街道，应伸出车道路面。当电缆与直流电气化铁路交叉时，应有适当的防蚀措施。

8）电缆中间接头盒外面应有防止机械损伤的保护盒。

9）敷设在郊区及空旷地带的电缆线路，应竖立电缆位置的标志。

3. 电力电缆排管敷设

（1）应用范围。把电缆敷设于埋入地下的电缆保护管形成的排管中的安装方式称为排管敷设。在城市街区主干线敷设多条电缆，在不宜建造电缆沟和电缆隧道的情况下，可采用排管。排管敷设减少了电缆遭受外力破坏和机械损伤的可能性；减轻了土壤中有害物质对电缆的化学腐蚀；不必挖开路面就可撤旧更新或敷设新的电缆线路。排管敷设造价适中，成为广泛应用的电缆敷设方式。

(2) 技术要求。

1) 敷设在排管内的电缆应使用加厚的裸铅包或塑料护套电缆。排管应使用对电缆金属护套没有化学作用的材料做成，排管内表面应光滑，管的内径不小于电缆外径的 1.5 倍，且不小于 100mm。

2) 敷设单芯电缆不能采用钢等磁性材料的管子。

3) 穿越马路时宜采用钢管，否则要打混凝土包封进行加强。

4) 为便于检查和敷设电缆，每隔一段距离应设置电缆人井，如图 2-1 所示。电缆人井的间距可按电缆的制造长度和地理位置而定，一般不宜大于 50m。人井的尺寸大小需要考虑电缆中间接头的安装、维护和检修是否方便。排管通向人井应不小于 1/1000 的倾斜度，以便管内的水流向入井内。

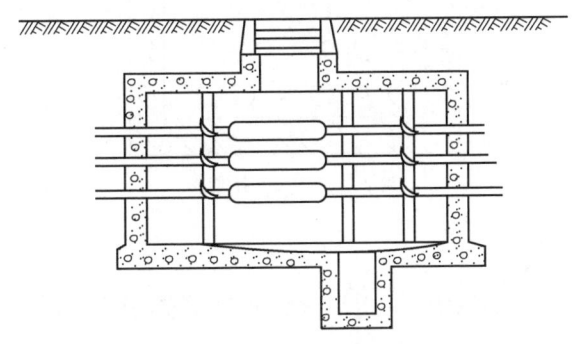

图 2-1 电缆人井

5) 在电缆人井内应装设便于电缆敷设和固定的拉环和吊环，人井内的所有金属支架等必须可靠接地。

6) 电缆人井宜设置双人孔。

4. 电力电缆沟道敷设

(1) 应用范围。在发电厂、变配电站及一般工矿企业的生产装置内，均可采用电缆沟敷设的方式。但地下水位太高的地区不宜采用电缆沟敷设，否则沟内长年积水，不便维护，若水中含有腐蚀性介质会损坏电缆，化工企业就是这种情况。电缆沟的形式有两种，一般场所可采用普通电缆沟，结构如图 2-2 所示。在有比空气重的爆炸介质和火灾危险场所可采用充砂电缆沟。充砂电缆沟内不用安装电缆支架，其结构如图 2-3 所示。

图 2-2 普通电缆沟

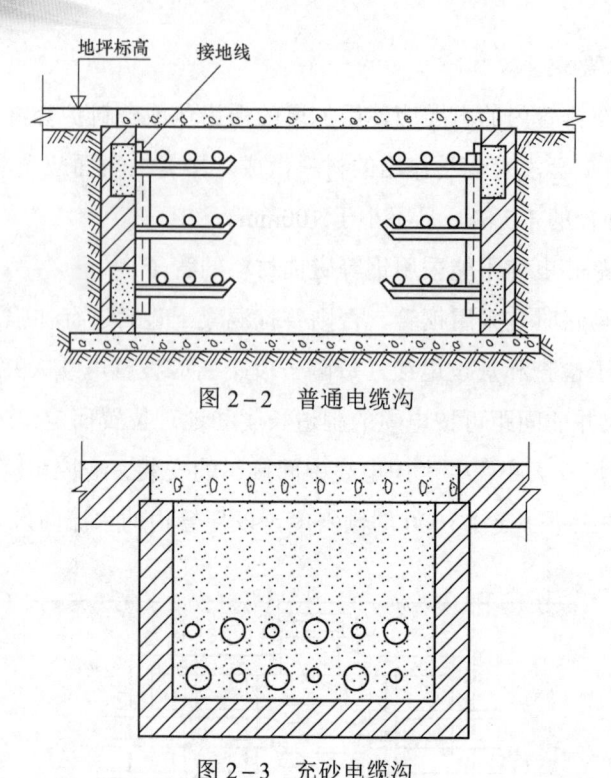

图 2-3 充砂电缆沟

（2）技术要求。

1）电缆沟一般由砖砌成或由混凝土浇铸而成，沟顶部和地面齐平的地方可用钢筋混凝土盖板（或钢板）盖住，电缆可直接放在沟底或电缆支架上。

2）为保持电缆沟干燥，应适当采取防止地下水流入沟内的措施。在电缆沟底设不小于 0.3% 的排水坡度，还应在沟内设置适当数量的积水坑。

3）充砂电缆沟内，电缆平行敷设在沟中，电缆间净距不小于 35mm，层间净距不小于 100mm，中间填满砂子。

4）电缆沟内全长应装设有连续的接地线装置，接地线的规格应符合规范要求。其金属支架、裸铠装电缆的金属护套和铠装层应全部和接地装置连接，这是为了避免电缆外皮与金属支架间产生电位差，从而发生交流腐蚀或电位差过高危及人身安全。

5）电缆沟内的金属构件均需采取镀锌或涂防锈漆的防腐措施。

6）敷设在普通电缆沟内的电缆，为防火需要，应采用裸铠装或阻燃性外护套的电缆。

7）电缆线路上如有接头，为防止接头故障时殃及邻近电缆，可将接头用防火保护盒保护或采取其他防火措施。

8）电缆固定于支架上，在设计无明确要求时，各支撑点间距应符合表 2-3 的规定。正三角形排列的单芯电缆，应每隔 1.0m 用尼龙绳或绑带扎牢。

9）电力电缆和控制电缆应分别安装在沟的两边支架上。若条件不允许时，则应将电力电缆安置在控制电缆之下的支架上。高电压等级的电缆宜敷设在低电压等级电缆的下面。

5. 电力电缆隧道敷设

（1）应用范围。容纳电缆数量较多、有供安装和巡视的通道、全封闭型的电缆构筑物，称为电缆隧道。电缆隧道敷设是将电缆敷设于地下隧道的一种电缆安装方式。电缆隧道敷设方式适用于地下水位低、电缆线路较集中的电力主干线，一般敷设 30 根以上的电力电缆。

电缆隧道敷设维护检修方便，可对电缆线路实施多种形式的状态监测，容易发现运行中出现的异常情况，电缆隧道埋入地下深度较大，使电缆不易受外界的各种外力损伤，同时能容纳很多路的电缆。但它一次性投资很大，存在渗漏水现象，比空气重的爆炸性混合物进入隧道会威胁安全。

（2）技术要求。常见的电缆隧道结构如图 2-4 所示，它一般有以下技术要求：

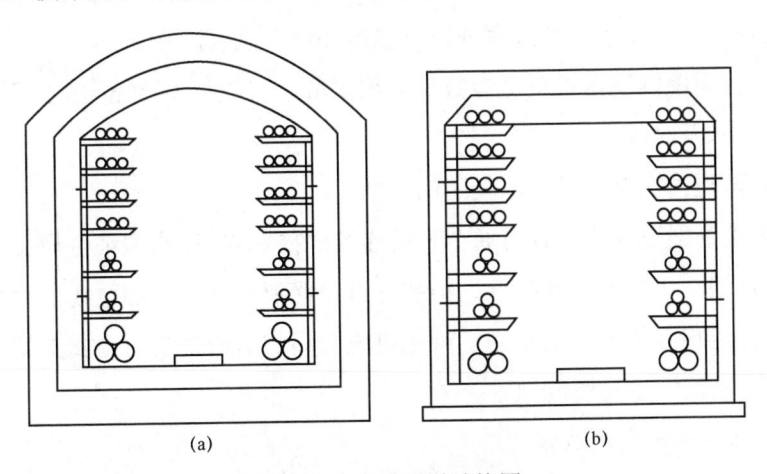

图 2-4 电缆隧道结构图
(a) 暗挖双侧隧道；(b) 现浇方形隧道

1) 电缆隧道一般为钢筋混凝土结构,也可采用砖砌或钢管结构,可视当地的土质条件和地下水位高低而定。一般隧道高度为1.9~2m,宽度为1.8~2.2m。

2) 电缆隧道两侧应架设用于放置固定电缆的支架。电缆支架与顶板或底板之间的距离,见表2-6。支架上的中低压电缆每隔10m应加以固定,而蛇形敷设的高压、超高压电缆应按设计节距用专用金具固定,每1m用尼龙绳绑扎。

表2-6　　　电缆支架最上层及最下层至沟顶、
楼板或沟底、地面的距离　　　　　　　　　　mm

敷设方式	电缆隧道及夹层	电缆沟	吊架	架桥
最上层至沟顶或楼板	300~350	150~200	150~200	350~450
最下层至沟底或地面	100~150	50~100	—	100~150

注　"—"表示不存在这种情况。

3) 深度较浅的电缆隧道应至少有两个以上的人孔,长距离一般每隔100~200m应设一人孔,设置人孔时,应综合考虑电缆施工敷设,在敷设电缆的地点设置两个人孔,一个用于电缆进入,另一个人员进出。近入孔处装设进出风口,在出风口处装设强迫排风装置;深度较深的电缆隧道,两端进出口一般与竖井相连接,并通常使用强迫排风管道装置进行通风。电缆隧道内的通风要求在夏季不超过室外空气温度10℃为原则。

4) 在电缆隧道内设置适当数量的积水坑,一般每隔50m左右设积水坑一个,使水及时排出。

5) 隧道内应有良好的电气照明设施。

6) 电缆隧道内应装设贯通全长的连续的接地线,所有电缆金属支架应与接地线连通。电缆的金属护套、铠装除有绝缘要求(如单芯电缆)以外,应全部相互连接并接地,这是为了避免电缆金属护套或铠装与金属支架间产生电位差,从而发生交流腐蚀。

6. 电力电缆水底敷设

(1) 应用范围。水底敷设电缆是将电力电缆直接敷设于水底的一种电缆安装方式。当电缆要跨越没有桥梁和隧道的大江、大海时,就要敷设江底或海底等水底电缆。

(2) 技术要求。

1) 从供电侧到受电测水底电缆应是整根的。当整根电缆超过制造厂的制造能力时，可采用软接头连接。

2) 通过河流的电缆，应敷设于河床稳定及河岸很少受到冲损的地方。在码头、锚地、港湾、渡口及有船停泊处敷设电缆时，必须采取可靠的保护措施。当条件允许时，应深埋敷设。

3) 水底电缆的敷设，必须平放水底，不得悬空。当条件允许时，宜埋入河床（海底）0.5m以下。

4) 水底电缆平行敷设时的间距不宜小于最高水位水深的2倍；当埋入河床（海底）以下时，其间距按埋设方式或埋设机的工作活动能力确定。

5) 水底电缆引到岸上的部分应穿管或加保护盖板等保护措施，其保护范围，下端应为最低水位时船只搁浅及撑篙达不到之处；上端高于最高洪水位。在保护范围的下端，电缆应固定。

6) 电缆线路与小河或小溪交叉时，应穿管或埋在河床下足够深处。

7) 在岸边水底电缆与陆上电缆连接的接头，应装有锚定装置。

8) 水底电缆敷设必须始终保持电缆有一定的张力，配备压力传感式张力计监测张力的大小，防止张力为零发生电缆打扭。

9) 放线支架保持适当的退扭高度，消除电缆由于旋转而产生的剩余应力，避免电缆入水时打扭或打圈。

7. 电力电缆竖井敷设

(1) 应用范围。将电缆敷设在竖井中的电缆安装方式称为竖井敷设。竖井是垂直的多根电缆通道，上下高程差较大。竖井与建筑物成一整体，钢筋混凝土结构，竖井敷设适用于水电站、电缆隧道出口以及高层建筑等场所。

(2) 技术要求。

1) 在竖井内壁固定电缆的支架和夹具要有贯通上下的接地扁钢，金属支架的预埋铁与接地扁钢用电焊连接。

2) 竖井内每隔4~5m设工作平台，有上下工作梯、起重和牵引电缆用的拉环等设施。

3）敷设在竖井中的电缆必须具有能承受纵向拉力的铠装层，应选用不延燃的塑料外护套或阻燃电缆，也可选用裸细钢丝铠装电缆。

4）竖井中优先选用交联聚乙烯电缆。

5）垂直固定宜每米固定一次。

第三节 电力电缆敷设的工器具

1. 凹型车

为控制整体运输高度，将拖车平板放置电缆盘的位置改装，电缆盘可凹下平板的拖车，叫做凹型车，俗称"元宝车"。

电缆和电缆盘的总质量应小于电缆凹形运输车的承载力。当运输质量较大的电缆时（超过电缆凹形运输车承载力 80%），应采用提升装置以保证离地距离不小于 150mm。图 2-5 是运输电缆的凹形车。

图 2-5 运输电缆的凹形车

2. 放缆拖车

放缆拖车是用来运输和敷设电缆用的一种多功能工具车，如图 2-6 所示。

拖车车体没有底板，电缆盘可嵌入其中，大大降低了电缆运输的高度；此外，该拖车还有液压的升降系统，当电缆运至施工现场后，可在拖车上直接施放电缆。考虑到运输时因道路原因拖车会发生颠颠，故电缆盘的下缘离地面至少应有 0.25m。

图 2-6 放缆拖车

放缆拖车应满足的技术要求：

（1）电缆拖车载重 20t，满足运输最大电缆盘 4m×2.4m 的要求。

（2）满足白天和夜间标准公路行驶以及施工工地行驶要求。

（3）安装柴油或汽油驱动助力装置使电缆盘提升和旋转。电缆盘驱动及制动系统采用无极变速，驱动装置驱动电缆盘的转速能实现速度定位。

（4）电缆拖车安装有在电缆运输过程中刹紧电缆盘的装置。

（5）电缆拖车应有防止电缆盘在运输过程因液压失灵而落地的措施。

（6）电缆拖车本身要有刹车系统并与牵引机头连接。

3. 放缆支架

在不使用汽车起重机和电缆拖车的情况下，为了能将数十吨重的电缆盘从地面升起，在盘轴上平稳转动进行电缆敷设，带千斤顶的电缆盘放缆支架是电缆敷设中经常使用的施工机具。它不但要满足现场使用轻巧的要求，而且当电缆盘转动时，它要有足够的稳定性，不致倾倒。通常要考虑支架的高度、宽度、强度的设计，要能适用于多种直径的电缆盘。图 2-7 为使用液压千斤顶的电缆盘放线支架示意图。电缆盘质量不大时，也可使用蜗轮蜗杆

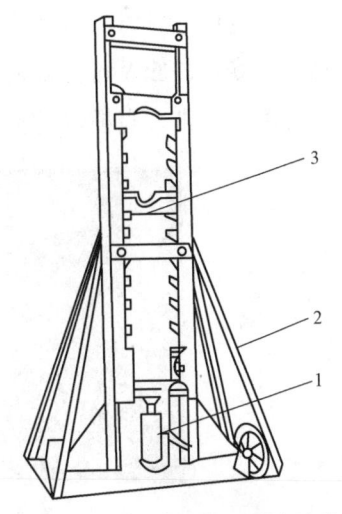

图 2-7 液压千斤顶电缆盘放线支架示意图
1—千斤顶；2—支撑；3—升降架

式千斤顶。

4. 电缆输送机

电缆输送机是专为敷设大截面积和大长度电缆而设计和制造的。敷设这些电缆时，为了克服巨大的摩擦力，必须加大牵引力。但如果将牵引力集中施加在电缆的牵引端上，往往会超过电缆的最大允许拉力和侧压力，会造成电缆的损坏。为了解决这一矛盾，需采用电缆输送机分散牵引或输送电缆。

（1）结构。电缆输送机由底架、传动机构、履带输送装置及夹紧机械组成。

（2）工作原理。电缆输送机中用电动机驱动的履带输送装置与横向移动的拖板相结合，从两侧夹紧被敷设的电缆，靠摩擦力来推送电缆。它在夹紧机构中设有预压簧，当电缆受侧压力过大时，可通过补偿减小受力，防止电缆受损。

（3）特点。电缆输送机具有结构紧凑、质量轻、推力大等特点，可有效保证电缆敷设质量。并且最新的电缆输送机都可以均匀地增加电缆的输送速度，从而避免了对电缆的损伤。

（4）日常维护。

1）每次使用后，都应清洁干净，并在每个齿轮、转轴处加上润滑油。

2）应进行定期检查。每隔一段时间检查输送机的电气接线是否破损，接触是否良好，并应及时更换输送机履带上磨损的橡皮块。

常用的履带式电缆输送机如图2-8所示。

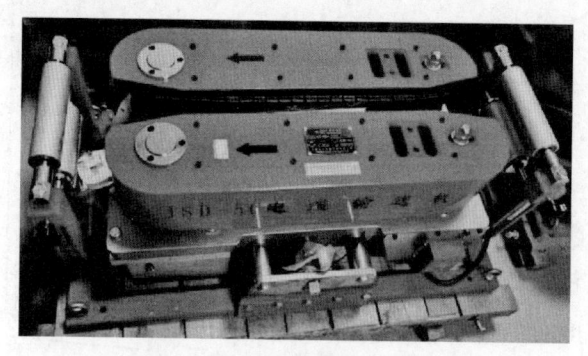

图2-8 履带式电缆输送机

5. 牵引机

由于现在电缆截面积越来越大，质量也随之增加，敷设时就需要大的牵引力。因此，能够提供很大牵引力的电动牵引机得到了广泛的应用。随着敷设电力电缆时所需牵引力越来越大，牵引机的功率也就越来越大。对于大型（5t）牵引机，为了移动方便，通常将它安装在一个箱式拖车中，可以很便利的运送到各个施工工地。常用的电缆牵引机如图2-9所示。

图2-9 电缆牵引机
(a) 牵引机；(b) 收线轮

以下简单介绍牵引机的工作原理、使用及维护保养方面的知识：

（1）工作原理。电动牵引机是以电动机为原动机，经弹性联轴节、三级封闭式齿轮减速箱，由联轴节驱动绳筒，靠绳筒上的绳索吊装或平拖物体。

（2）使用注意事项。

1）正式开车前必须在齿轮箱内加上适量的机械齿轮润滑油，然后开空车，使油料遍及各轴承及齿轮。

2）使用前，应检查刹车，不能过紧或过松。

3）电源接通前，必须先检查接地线的良好情况，避免触电事故发生。

4）起吊重物时，当钢丝绳放到所需最大长度时，钢丝绳仍不得小于3圈。

5）停车时，务必切断电源，制动刹紧。

6）不得超负荷工作。

（3）日常维护。

1）牵引机每次使用后应擦洗干净，特别是油类等的沾污，以免降低刹车效能。

2）应经常检查紧固件，以防松动影响安全。

3）减速箱应每 6 个月更换润滑油一次。

第四节　电力电缆敷设的保障措施

一、技术措施

电缆线路的敷设是一项十分复杂的工作，路径复杂，点多线长，因此在电缆敷设过程中必须制订详细的施工技术措施，以确保敷设全过程的万无一失。

1. 敷设前准备

（1）了解工程情况，合理组织施工人员。在接到工程施工项目以后，施工方首先应根据工程设计书了解整个工程施工的概况，包括工程施工范围、周边环境、线路走向、敷设方式、电缆规格和质量、接头位置和数量、护层接地方式以及工程工期等，然后再结合该工程施工的具体要求和特点，合理进行工程管理和施工人员的配备，从施工管理、技术、安全及质量上建立起有效的工程施工管理网络。主要工程管理人员包括工程项目负责人、技术负责人、安全负责人、质量负责人。工程项目负责人主要负责工程的组织协调工作，包括工程计划和进度安排、人员调配及施工中的日常管理工作等；技术负责人主要负责工程施工的技术管理工作，包括施工有关技术措施和施工方案的制定、疑难技术问题的解决等；安全负责人主要负责工程施工的安全管理工作，包括有关安全技术措施的审批和监督实施、安全设施和用具的配备等；质量负责人主要负责工程施工的质量管理工作，包括对整个施工质量的检验和控制、施工质量报表的审核等。此外，其他工作人员还应包括施工员、敷设现场负责人、现场资料员、现场工具和材料管理员等，在工程开工前也必须一一明确，职责到人。

（2）办理开工的施工依据。电缆敷设施工前还必须办齐各种施工依据，施工依据是工程施工的许可证，是确保工程顺利进行的书面保证形式。施工依据包括工程承包合同书、设计任务书、设计交底记录、道路施工许可证、施工资质证书、施工中需外单位配合的互保协议书等。在工程开工前必须准备好以上书面文件，在工程施工中加以妥善保管并随时备查，作为将来工程竣工资料的一个组成部分。

（3）编制施工计划。施工计划的编制应具有可行性，要紧密结合现场施工条件，同时要充分考虑工程满足工程工期的要求，计划的编制要详细、周全，并尽量给接下来的附件工作留有充足的时间。每天需完成的工作情况均应安排清楚并落实到具体工作人员。城市敷设电缆对交通影响较大，对一些重要的施工环节，如电缆线盘运输到敷设现场，复杂地段敷设牵引电缆等，在编制计划时更要求准确细致，一般最好安排在夜间交通流量小的时候进行。在实施过程中每天对工作计划进行总结，并做好施工记录，以确保电缆敷设能正常进行，具体工作中如遇到意外情况需要改变施工计划时，必须得到工程项目负责人和技术负责人的同意。

（4）编写技术方案。在电缆敷设中，对影响施工质量的主要过程，均应由技术部门编写技术方案，并由技术负责人在施工前向施工人员进行技术交底。施工人员必须严格按照技术方案的操作程序进行工作，对于无法达到施工操作要求的施工人员，必须由技术部门事先安排进行系统的培训工作，达到要求后才能上岗作业。电缆敷设安装主要过程的技术方案包括牵引机的操作、电缆输送机的操作、低压接火、临时电源箱的使用操作、空气压缩机的操作、隧道及工井电缆的敷设原则、高落差电缆敷设原则等。由工程技术负责人指导技术方案的实施，施工结束后作为工程技术资料归档保存。

1）牵引力的控制。电缆在敷设过程中需要施加较大的牵引力，一旦牵引力超过允许值，往往会拉断电缆。因此在施工中要精确计算牵引力的大小，并采取有效措施或牵引方案使牵引力符合要求。一般可采取以下的六种方法达到控制和减小牵引力：

a. 选择合理的敷设牵引方向，一般从地理位置高的一端位置向较低的一端敷设；从平直部分向弯曲部分敷设；从场地平坦、运输方便的一端向另一端敷设。

b. 在有些牵引力较大的地方，应合理配置电缆牵引机具。常采用多台牵引和输送设备同时配套使用，即采用多点牵引的方式进行牵引。

c. 在电缆牵引端采用牵引网套作为辅助牵引，可以减小作用在电缆线芯上的牵引力。

　　d. 减小牵引过程中的各种阻力，是限制和减小牵引力的一种有效方法。如在敷设电缆的沿线合理布置滑轮来减小摩擦阻力；在管壁和电缆之间、电缆轴与支架之间等易接触摩擦的地方涂润滑剂来减小摩擦力。

　　e. 安装良好的联动控制装置，确保全线牵引设备在整个敷设电缆过程中保持匀速牵引。

　　f. 敷设条件许可时，最好的方法是采用电缆输送机将牵引力分散到多个点上。

　　2) 侧压力的控制。电缆线路拐弯时，在其弯曲部分的内侧，电缆受到牵引力的分力和反作用力的作用而受到的压力，称为侧压力。侧压力的大小为牵引力与弯曲半径之比。电缆能承受的侧压力与电缆本身的结构有关。侧压力过大会压扁电缆，因此在施工中，特别在上下坡度及拐弯较多的地方，要严格控制牵引力，此时可适当放慢牵引速度，从而使侧压力保持在允许值以内。一般情况下，高压、超高压电缆允许的侧压力为3kN/m。

　　3) 弯曲半径的控制。各种电缆都有最小允许弯曲半径，如果弯曲半径过小，就会损伤绝缘而使电缆不能正常使用。所以在施工中需弯曲敷设的地方，在施工前应作好对这些地方的弯曲半径进行实际测量和计算，采取必要的措施，保持其弯曲半径不小于规定数值，并且在敷设过程中严格加以监视。不允许发生由于弯曲半径过小而损伤电缆绝缘的事件。

　　(5) 配备敷设机具。电缆敷设牵引机具包括牵引机、滚筒、输送机等动力机械以及牵引头、牵引网套、滑轮、托辊、防捻器、张力计等辅助器具，敷设前应根据确定的电缆敷设方式，合理选用适合的牵引机具，并做好检修、配套、保养工作。施工前在施工现场的机具由工具管理员统一进行管理。

　　(6) 电缆盘就位。电缆线盘运输到敷设现场后，根据预先确定的放线点进行就位，电缆盘中心应对准电缆敷设中心，电缆牵引头应从盘顶向下引出。整盘电缆安装就位后，必须在主轴上安装防滑动的限位器和在电缆盘的圆盘外周上安装减速止动装置，还应对盘上电缆做好如下检查确认工作：

　　1) 确认电缆型号、规格和长度应与设计图纸要求相符。

2）确认电缆外护套有无破损和机械擦伤的痕迹。

3）充油电缆同时还要检查油压在规定范围以内、供油压力箱至电缆内出头的油管路应无裂纹和渗漏油现象，电缆牵引头应无松动。

2. 电缆敷设

（1）施工场地布置齐全合理。包括现场线盘位置的放置、施工电源的配备、仓储用地的选择、通信设施的配置等。

（2）人员安排到位。在电缆敷设中的一些关键部位如电缆线盘位置、牵引端、转弯处、工井和隧道出口、终端、控制指挥位置等安排一定数量的有经验的工作人员，要求在电缆敷设中听从统一指挥。

（3）主要施工机具的放置。根据敷设方式和要求放置电缆牵引机、输送机、放线支架、滑车等主要施工用具。保证数量合理，位置正确。

（4）对电缆的敷设顺序、牵引方式、进线方向、放线速度、制动措施、弯曲半径、拉力计算、余线安置等敷设过程中的一些技术要求，均应严格按照技术方案进行施工。

（5）外护套的检查。整个敷设中派专人对电缆外护套进行检查，如发现缺陷应做好标记，放线结束后修补完整。

（6）敷设结束后对电缆按设计要求进行拿弯、固定，做好电缆保护、防火，外护套绝缘电阻测量，及时清理工具材料及场地等工作。

二、安全措施

电缆敷设是一项大型的机械和人力相互配合的工作，为确保敷设过程中每一个环节正常运作而不发生差错，就必须采取必要的安全措施，保证人身和施工现场设备的安全。

1. 敷设前的安全准备工作

电缆敷设施工前，必须建立以项目经理为核心（包括现场安全员、项目部安全员在内）的安全管理和施工网络。安全网络中的人员可根据施工情况进行合理安排，安全网络的职责是制订和督促完成敷设施工中的各项安全要求及安全技术措施，并对施工全过程进行有效的安全监督。一般在施工前应组织做好以下工作：

（1）施工前安排足够的时间进行工作及安全交底，使每一个工作人员都熟知当天的工作内容、技术要求和安全措施，明确各自的工作范围和职责，做到人人心中有数，确保工作万无一失。

（2）检查施工所用的工器具设备，保证其具备良好的工作状态。例如检查电缆放置地点放线支架的固定强度，各部分支撑附件及连接部件均要逐一检查到位，确保电缆敷设时线盘旋转顺畅。校核敷设中使用的钢丝绳的机械强度，若有损坏或断股则不能使用。检查使用的滑轮有无破损、尖角，以免敷设时刮伤电缆外护套等。

（3）检查电缆敷设路径是否畅通，例如直埋段或专门建造的电缆沟要求平整。清除沟内及沟槽边的杂物，沟底铺上约100mm厚的一层细砂或软土。检查工井、隧道内敷设电缆时的通风措施，并测量有害气体浓度和氧气含量是否符合规定数值。工井及竖井开孔口四周应设置遮栏和安全网防止坠落。

（4）在敷设现场所有施工范围内设好遮栏，挂警示带和醒目的警告牌。夜间施工时还必须挂示警信号灯。敷设施工现场要做好防火措施，配备足够的灭火材料和器具。

（5）敷设范围内如有其他运行电缆，则施工时还要切实做好邻近运行电缆的保护措施，一般可用防燃麻布或防火隔离槽进行隔离。

2. 敷设时的安全要求

（1）建立合理可靠的安全通信系统。电缆敷设时所需的机械设备和施工人员较多，电缆从线盘开始敷设至终点位置，其中每一个环节都必须保持安全协调和统一。在某些复杂路径上敷设时，难免会发生滑轮倒伏、电缆脱辊等事件，因此更需要就近操作电源开关，随时暂停电缆牵引，保证电缆设备不受损伤。建立合理、安全可靠的控制装置和准确的信号联络系统，可以从以下两个方面考虑。

1）在电缆盘、牵引机及其关键部位设置跳闸开关和载波电话、无线电对讲机等设备，并派专人操作和监视。

2）制定统一的指挥信号和行动规则，信号要简单，控制要迅速可靠，在电缆敷设之前应将控制信号系统安装及调试好并将信号装置的使用方法向所有敷设电缆的人员交代清楚。

第二章　电力电缆敷设

（2）采取必要的安全技术措施。电缆敷设时电缆各组成部分都将受到力的作用。施工中电缆所受力的大小与电缆的质量、电缆盘的架设、电缆的牵引方向及电缆敷设方式等因素有关，因此将力控制在规定值以内，是确保敷设安全的关键，对此在电缆敷设中常使用一些辅助装置来提高施工中的安全系数。

1）采用制动装置控制线盘的转动。正常转动的电缆盘，当电缆盘的转动速度大于牵引速度时，如不能及时制动，电缆由于惯性，将容易扭伤电缆或导致电缆下垂与地面发生摩擦而损伤电缆的外护层。采用制动装置可以保证电缆盘在任何情况下均能停止转动。制动装置在敷设过程中可以用机械设备进行自动控制，也可以由人工进行控制。

2）利用防捻器消除扭转应力。牵引电缆时，电缆由于受力而产生沿轴心自转的趋势，电缆越长，自转的角度越大，在达到一定张力后，牵引钢丝绳会出现退扭现象，更由于牵引机将钢丝绳收到滚筒上时，增大了扭转电缆的力矩，如不消除这种扭力，电缆将会受到扭转应力，而积聚的扭转应力能使钢丝绳弹起，极易击伤附近的施工人员。所以在敷设中常在电缆牵引头前加装一只能两端自由转动的防捻器，可以及时消除钢丝绳或电缆的扭转应力，确保施工人员的安全。

3）安装张力计监视牵引力大小。敷设时在牵引机及电缆盘两端装设张力计，当电缆敷设中的牵引力超过允许值时，可随时通过控制接点的设备来切断电源，停止牵引，避免电缆被拉伤。

（3）其他应注意的安全事项。

1）电源箱要采用 TN-S 保护系统，电源箱、电缆输送机等的金属外壳必须可靠接零。

2）电缆拖动时，严禁用手搬动电缆，以防压伤。电缆牵引时，所有人员严禁在牵引内角停留，施工人员应站在安全位置，精神集中地听从统一指挥。

3）在竖井、隧道等较复杂的敷设地方，施工中如遇到现场突然停电，应立即刹紧线盘并收紧所有抛锚绳，所有的施工人员站在原地不能乱动。如遇到通信设施失灵，则用哨声作为停止施工的联络信号，并立即刹紧线盘。

4）施工中不仅要做好安全生产，还要提倡文明施工。工具及材料要做到定置管理，堆放整齐。对可能影响居民生活的施工场所要做好安全措施，及时疏导车辆和行人，防止路人失足落坑。施工结束后，余土及垃圾要及时清除，做到工完、料净、场地清。

（4）施工验收。电缆线路安装过程中或安装完成投运前，建设单位和运行单位应对整个电缆线路及其附属设备的施工质量进行检查，以确认工程施工质量符合运行要求，并且各种竣工资料已齐全，这一过程称为施工验收。施工验收是检查电缆施工质量的一个必要手段，也是保证电缆安全运行的一个重要环节。

验收时，运行单位对照项目验收标准对施工项目逐项进行验收。验收检查项目及标准主要包括以下内容：

1）电缆敷设。电缆规格应符合设计标准；电缆排列应整齐，无械损伤，埋设深度应符合敷设规程标准；敷设在电缆沟、工井或隧道内的电缆均应安装在固定支架上，电缆或接头的金属部分不应与金属支架直接接触，应垫有绝缘垫层，金属支架的接地应符合规程要求；电缆穿越楼板及墙壁的孔洞应用防火材料封堵；电缆线路铭牌应装设齐全、正确、清晰。

2）电缆终端。电缆终端施工应符合工艺要求；终端及尾线、支架等装置与邻近设备的间距应符合设计和安装规程的要求并固定良好；终端位置地方的电缆弯曲半径应满足规定要求；终端及接地装置应安装牢固，电气接地应良好；终端表面不应有渗漏现象，相色正确、鲜明；充油电缆终端供油管路对地绝缘应良好，无渗漏油迹象，油压应保持在规定的整定值范围以内。

3）电缆接头。电缆接头安装应符合工艺施工要求，安放平直并固定良好；绝缘接头处的换位同轴电缆与电缆金属护套应接触良好，相色应正确、清晰；同轴电缆换位箱或接地箱安装应符合设计要求，接地可靠。

4）土建设施。土建设施结构应符合设计要求，外表光滑、平整，无渗漏水现象；电缆排管应疏通良好，管口保持光滑；土建结构中电气支架等金属部件应采用热镀锌并且油漆完好；电缆沟、工井及隧道内应无杂物，盖板齐全，隧道内照明、排水、通风设备应良好；土建结构接地装置应符合设计及有关规程标准。

5）交接试验报告。电缆直流电阻、正序和零序阻抗等参数的实测值；电缆耐压试验报告；电气接地点位置的接地电阻测量值；电缆外护套直流耐压试验报告；充油电缆油样 tanδ 及工频击穿电压试验报告；充油电缆供油压力箱油压上、下限整定值及二次信号系统的调试报告。

6）电缆竣工资料及相关文件。检验合格证；敷设记录；接头记录；接头工艺说明书；电缆线路竣工图；电缆工井、电缆沟、隧道等土建安装竣工资料；充油电缆二次信号系统装置图等技术资料。

第三章 电力电缆附件

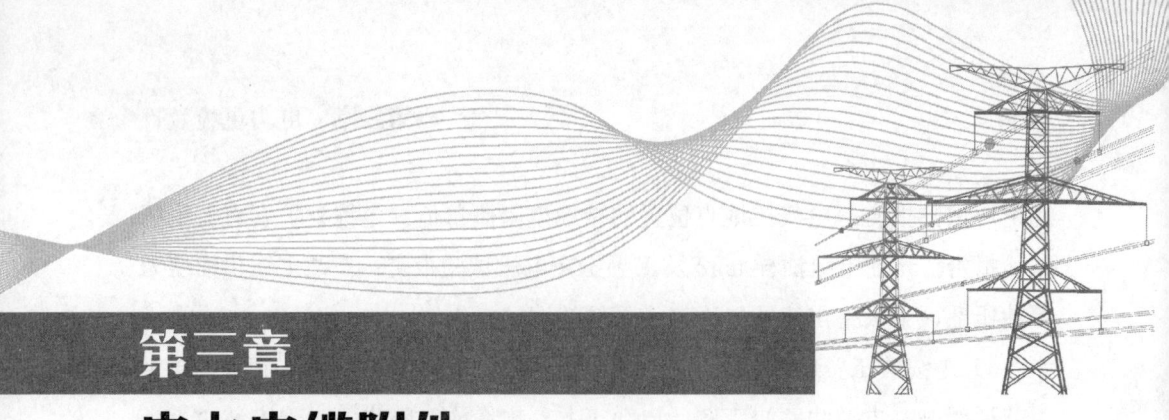

第一节 附件的分类和作用

电缆附件分为终端和中间接头两大类。

电缆附件不同于其他工业产品,工厂不能提供完整的电缆附件产品,只是提供附件的材料、部件或组件,必须通过现场安装在电缆上以后才构成真正的、完整的电缆附件。因此,要保持运行中的电缆附件有良好的性能,不仅要求设计合理、材料性能良好、加工质量可靠,还要求现场安装工艺正确、操作认真仔细,这就不仅要求从事电缆附件工作人员了解掌握电缆附件的有关知识,而且要有相应的工艺标准来严格控制。

一、电力电缆终端

1. 电缆终端的定义

安装在电缆末端,以使电缆与其他电气设备或架空输电导线相连接,并维持绝缘直至连接点的装置。

2. 电缆终端的作用

(1)均匀电缆末端电场分布,实现电应力的有效控制。

1)电缆末端的电场分布。制作电缆终端头必须将电缆的内护套、绝缘层以及半导电屏蔽层切断,这就破坏了原电缆绝缘层内部的电场分布,使电场发生畸变。如图3–1所示为只剥去铅套和剥去铅套与绝缘层电缆终端处的电场分布图。图中左边只剥去电缆的铅套，右边同时剥去了电缆的铅套和绝缘层。由图 3-1 可见，电缆终端处电场分布比电缆本体复杂得多，电场不仅有垂直于绝缘层方向的径向分量，还产生了沿绝缘层方向的轴向分量。沿电缆长度方向电场分布也不均匀，比较集中在线芯、铅套端边缘，在靠铅套边缘处电场强度最大，轴向电场特别强。对于浸渍纸绝缘材料来说，沿纸表面的击穿强度只有垂直纸面的 1/10～1/20。例如黏性浸渍纸绝缘电缆，其最大允许径向场强为 24kV/cm，而最大允许轴向场强为 2.44kV/cm。后者仅为前者的 1/10。因此，轴向电场分量的出现对电缆绝缘是很不利的。

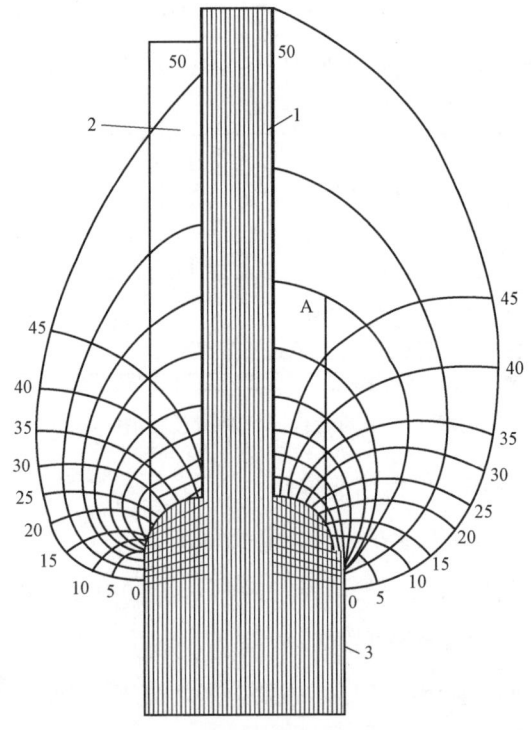

图 3-1 电缆终端电场的分布图
1—线芯；2—电缆绝缘层；3—金属护套
注：图中的数值是等位线，代表占全电压的比例。

2）电应力控制。电应力控制就是指对电场分布及电场强度的控制，也就是采取适当的措施，使电场分布和电场强度处于最佳状态，所谓最佳状态就是控制最大电场强度在允许范围以内，并使电场分布尽可能均匀，从而提高运行的可靠性。早期人们认为可以用延长电缆末端裸露的绝缘长度来解决，实际上这是不奏效的。如图3-2所示画出了电缆剥去金属护套及屏蔽后沿线芯的电压分布，图中曲线任一点的斜率即表示该点的电场强度。由图3-2可看出，电缆外屏蔽切断处的电场集中问题，并未因绝缘段的延长而减小，只不过增加了电场强度为零的长度（图中电场分布曲线平坦的部分）。电缆终端处电场分布不均匀性可通过实验方法观察到。在剥去一定长度铅套的电缆线芯上加一逐渐上升的电压，首先在铅套边缘发生紫色光环及咝咝声（电晕），然后出现平行的红色刷形放电；当电压达到一定值，突然出现很长的白色更亮的树枝状滑动光线，并有噼啪声（滑闪放电）；电压再增加，则滑闪放电长度增长；到一定电压，表面空气发生击穿（闪络）。这是典型不均匀电场放电的四个过程。

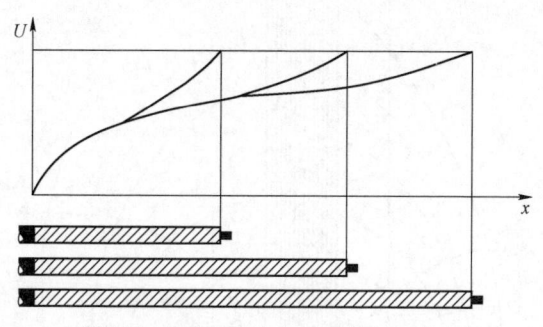

图3-2 电缆剥去不同金属护套及屏蔽后沿线芯的电压分布

3）经过理论分析可以得出如下结论：

a. 最大场强发生在金属护套及屏蔽边缘处。

b. 当剥去金属护套部分长度增加时，对金属护套边缘处的场强影响不大，它并不能减小最大场强的数值。

c. 为减小金属护套边缘的电场强度，需增加等效半径，增加周围媒质相对介电常数，减小电缆绝缘层材料相对介电常数。

4）改善电场分布的方法。为保证电缆头具有与电缆相应的电场强度，必须采取措施，改善电场的分布。对于35kV及以下的中压级电缆，一般采用胀铅与绕包应力锥的方法来解决外屏蔽切断处电场集中的问题。胀铅就是在铅包切断处把铅包边缘撬起，使之成喇叭的形状。对于绕包型电缆，胀铅是改善铅包口电场分布的有效措施。对于110kV及以上电压等级的电缆，通常采用应力锥和反应力锥来改善电场分布。如图 3-3 所示是应力锥示意图。

在图 3-3 中，r_e 是导体半导电层半径；R 是电缆绝缘半径；R_n 是应力锥绝缘半径；L_K 是理论设计值；L_{K1} 为通常制作的应力锥面长度。通过理论分析可知，最大径向场强 E_n 取值越小，应力锥直径 R_n 越大，终端头的体积越大，电气安全裕度也越大。反之 E_n 取值越大，电性能的可靠性越差。一般取 E_n 为电缆本体最大场强的 45%～60%。E_t 是沿绝缘材料界面上的轴向场强，数值取得越小，沿面爬电的危险性也就越小，这对安全运行是有利的，但使应力锥面显得过长，根据经验，一般取 E_t 为 0.35～0.5kV/mm。

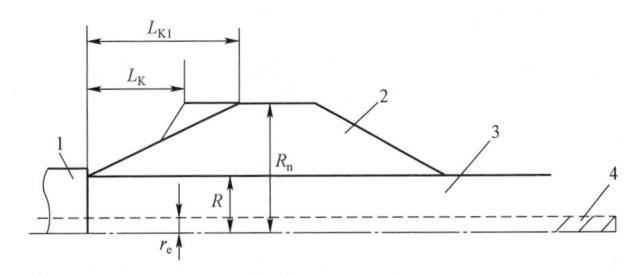

图 3-3 应力锥示意图
1—金属扩套；2—应力锥；3—电缆绝缘；4—电缆线芯

应力锥接地屏蔽段纵切面的轮廓线，从理论上讲应是复对数曲线。它与运行电压、电缆的结构尺寸以及电缆和附加绝缘材料的特性有关。在实际安装中，为施工的方便，并不要求满足理论上的复对数曲线，而只规定一定的工艺尺寸，近似用直线来代替。

反应力锥的设计。我们知道，在线芯开断处会产生一个电应力集中问题，而制作反应力锥的目的就是为了改善这一部分的电场分布，电缆终端反应力锥的设计是把电缆绝缘削成一定长度的下凹的铅笔头的形状，为了简化接头施工工艺，一般反应力锥采用直线形状，而不采用曲线形状。随着电缆绝缘材料性能的提高，这部分场强集中对电缆终端整体电性能的影响越来越小，对于 35kV 及以下的电缆终端不予考虑。

（2）通过接线端子、出线杆实现与架空线芯或其他电气设备的电气连接，110kV 及以上电压等级终端接线端子的内表面和出线杆的外表面需要镀银，减小接触电阻。

(3) 通过终端的接地线实现电缆线路的接地。

(4) 通过终端的密封处理实现电缆的密封，免受潮气等外部环境的影响。

3. 电缆终端分类

（1）电缆终端按照使用场所可分为户内终端、户外终端、GIS 终端和变压器终端。户内终端由于处于室内，自然界对其影响小，故可选用简单一些的型式，便可使制作成本降低。

（2）终端按其不同特性的材料分以下六种：

1）绕包式。这是一种较早应用的方式，用带状的绝缘包绕电缆应力锥，油浸纸绝缘电力电缆的内绝缘常以电缆油或绝缘胶作为主要绝缘并填充终端内气隙。电缆终端外绝缘设计，不仅要求满足电气距离的要求，还要考虑气候环境的影响。

2）浇注式。用液体或加热后呈液态的绝缘材料作为终端的主绝缘，浇注在现场装配好的壳体内，一般用于 10kV 及以下的油纸电缆终端中。

3）模塑式。用辐照聚乙烯或化学交联带，在现场绕包于处理好的交联电缆上，然后套上模具加热或同时再加压，从而使加强绝缘和电缆的本体绝缘形成一体。一般用于 35kV 及以下交联电缆的终端上。

4）热（收）缩式。用高分子材料加工成绝缘管、应力管、伞裙等在现场经装配加热能紧缩在电缆绝缘线芯上的终端。主要用于 35kV 及以下塑料绝缘电缆线路中。

5）冷（收）缩式。用乙丙橡胶、硅橡胶加工成管材，经扩张后，内壁用螺旋形尼龙条支撑，安装时只需将管子套上电缆芯，拉去支撑尼龙条，靠橡胶的收缩特性，管子就紧缩在电缆芯上。一般用于 35kV 及以下塑料绝缘电缆线路中，特别适用于严禁明火的场所，如矿井、化工及炼油厂等。

6）预制式。用乙丙橡胶、硅橡胶或三元乙丙橡胶制作的成套模压件。其中包括应力锥、绝缘套管及接地屏蔽层等各部件，现场只需将电缆绝缘做简单的剥切后，即可进行装配。可做成户内、户外或直角终端，用在 35kV 及以下的塑料绝缘的电缆线路中。

现在电缆线路中应用最多的是热缩式、冷缩式和预制式三种类型的终端。

第三章 电力电缆附件

4. 中低压电缆终端介绍

我国 35kV 及以下电缆终端和中间接头的制造是从 20 世纪 60 年代初开始定点生产的,至今已有 40 余年了。20 世纪 70 年代以前主要生产的是油浸纸绝缘电缆终端及金具。20 世纪 80 年代开始生产挤包绝缘电缆用绕包式终端的带材以及热收缩电缆终端。20 世纪 90 年代初,开始生产预制式电缆终端,随后开始生产冷收缩电缆终端。目前,国外普遍使用的 35kV 及以下电缆的各种电缆终端,我国基本上都已能生产制造并且广泛使用。

现在使用的中低压电缆终端主要分为户内终端和户外终端。户内终端还可分为普通户内终端和设备终端(固定式和可分离式两类)。

户内终端:安装在室内环境下使电缆与供用电设备相连接。在既不受阳光直接辐射,又不暴露在大气环境下使用的终端。

户外终端:安装在室外环境下使电缆与架空线或其他室外电气设备相连接。在受阳光直接辐射,或暴露在大气环境下使用的终端。

设备终端(固定式相可分离式两类):电缆直接与电气设备相连接,高压导电金属处于全绝缘状态而不暴露在空气中。

(1)热收缩型电缆终端。

1)应用范围。热收缩型电缆终端是以聚合物为基本材料而制成的所需要的型材,经过交联工艺,使聚合物的线性分子变成网状结构的体型分子,经加热扩张至规定尺寸,再加热能自行收缩到预定尺寸的电缆终端。热收缩户内终端如图 3-4 所示,热收缩户外终端如图 3-5 所示。

图 3-4 热收缩户内终端　　　　图 3-5 热收缩户外终端

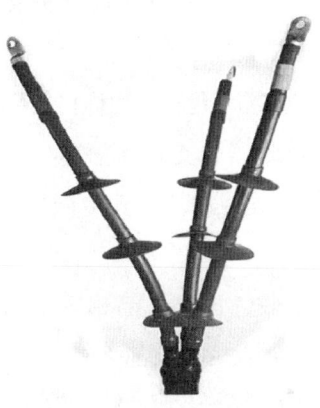

2) 组成部件。挤包绝缘电缆热收缩型终端的组成部件如图 3-6 所示，主要有：

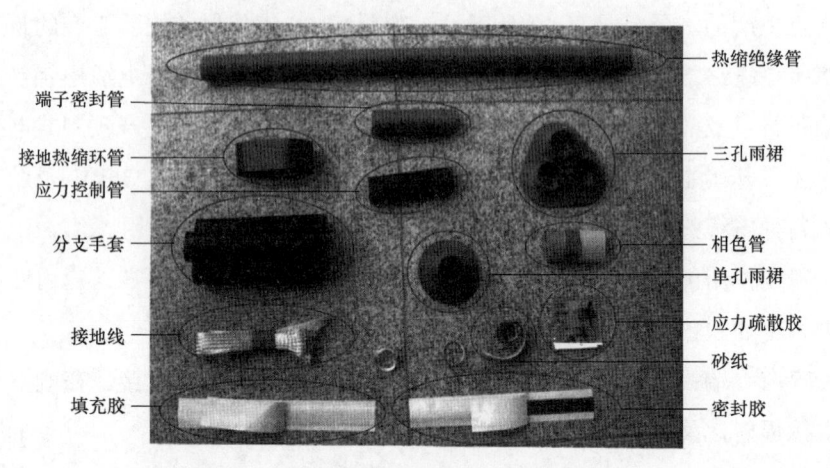

图 3-6 热收缩型电缆终端的主要部件

a. 热收缩绝缘管（简称绝缘管）。作为电气绝缘用的管形热收缩部件。

b. 热收缩半导电管（简称半导电管）。体积电阻系数为 $1\sim10\Omega \cdot m$ 的管形热收缩部件。

c. 热收缩应力控制管（简称应力管）。具有相应要求的介电系数和体积电阻系数、能均匀电缆端部和接头处电场集中的管形热收缩部件。

d. 热收缩耐油管（简称耐油管）。对使用中长期接触的油类具有良好耐受能力的管形热收缩部件。

e. 热收缩护套管（简称护套管）。作为密封，并具有一定的机械保护作用的管形热收缩部件。

f. 热收缩相色管（简称相色管）。作为电缆线芯相位标志的管形热收缩部件。

g. 热收缩分支套（简称分支套）。作为多芯电缆线芯分开处密封保护用的分支形热收缩部件，其中以半导电材料制作的称为热收缩半导电分支套（简称半导电分支套）。

h. 热收缩雨裙（简称雨裙）。用于电缆户外终端，增加泄漏距离和湿闪络距离的伞形热收缩部件。

i. 热熔胶。为加热熔化黏合的胶黏材料，与热收缩部件配用，以保证加热收缩后界面紧密黏合,起到密封、防漏和防潮作用的胶状物。

j. 填充胶。与热收缩部件配用,填充收缩后界面结合处空隙部的胶状物。

上述各种类型的热收缩部件,在制造厂内已经通过加热扩张成所需要的形状和尺寸,并经冷却定型。使用时经加热可以迅速地收缩到扩张前的尺寸,加热收缩后的热收缩部件可紧密地包敷在各种部件上组装成各种类型的热收缩电缆终端。

3)一般技术要求。热收缩电缆终端是用热收缩材料代替瓷套和壳体,以具有特征参数的热收缩管改善电缆终端的电场分布,以软质弹性胶填充内部空隙。用热熔胶进行密封,从而获得了体积小、质量轻、安装方便、性能优良的热收缩电缆终端。

热收缩型电缆终端应符合下列规定:

a. 所有热收缩部件表面应无材质和工艺不良引起的斑痕和凹坑,热收缩部件内壁应根据电缆终端的具体要求确定是否需涂热熔胶,凡涂热熔胶的热收缩部件,要求胶层均匀,且在规定的贮存条件和运输条件下,胶层应不流淌,不相互粘搭,在加热收缩后不会产生气隙。

b. 热收缩管形部件的壁厚不均匀度应不大于30%。

c. 热收缩管形部件收缩前与在非限制条件下收缩(即自由收缩)后纵向变化率应不大于5%,径向收缩率应不小于50%。

d. 热收缩部件在限制性收缩时不得有裂纹或开裂现象,在规定的耐受电压方式下不击穿。

e. 热收缩部件的收缩温度应为120~140℃。

f. 填充胶应是带材型。填充胶带应采用与其不黏结的材料隔开,以便于操作。在规定的贮存条件下,填充胶应不流淌、不脆裂。

g. 热收缩部件和热熔胶、填充胶的允许贮存期,在环境温度不高于35℃时,应不少于24个月。在贮存期内,应保证其性能符合技术要求规定。

h. 户外终端所用的外绝缘材料应具有耐大气老化及耐漏电痕迹和耐电蚀性能。

(2)冷收缩型电缆终端。通常是用弹性较好的橡胶材料(常用的有硅橡胶和乙丙橡胶)在工厂内注射成各种电缆终端的部件并硫化成型,之后,再将内径扩张并衬以螺旋状的尼龙支撑条以保持扩张后的内径。

现场安装时，将这些预扩张件套在经过处理后的电缆末端，抽出螺旋状的尼龙支撑条，橡胶件就会收缩紧压在电缆绝缘上。由于它是在常温下靠弹性回缩力，而不是像热收缩电缆终端要用火加热收缩，故称为冷收缩型电缆终端。冷缩户内终端如图 3-7 所示，冷缩户外终端如图 3-8 所示。

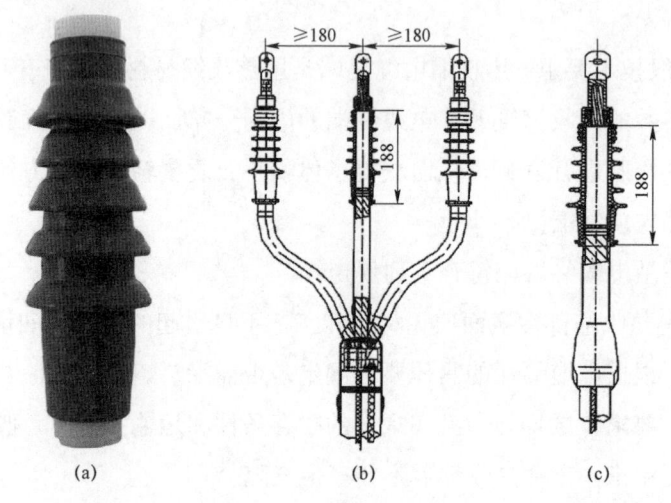

图 3-7 冷缩户内终端
（a）冷缩附件；（b）三芯结构；（c）单芯结构

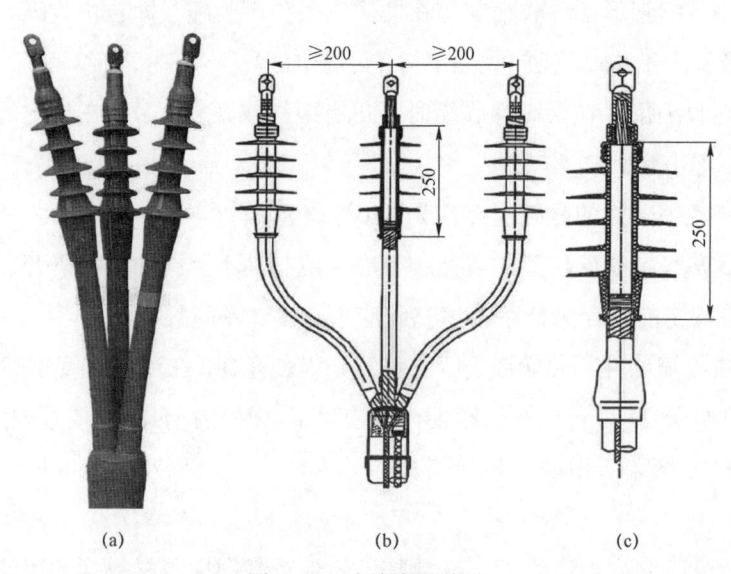

图 3-8 冷缩户外终端
（a）冷缩户外终端外形；（b）三芯结构；（c）单芯结构

1）组成部件。

a. 终端主体。采用带内、外半导电屏蔽层和应力控制为一体的冷收缩绝缘件。

b. 绝缘管。

c. 半导电自黏带。

d. 分支手套。

2）冷收缩型电缆终端具有以下特点：

a. 冷收缩型电缆终端采用硅橡胶或乙丙橡胶材料制成，抗电晕及耐腐蚀性能强。电性能优良，使用寿命长。

b. 安装工艺简单。安装时，无需专用工具，无需用火加热。

c. 冷收缩型电缆终端产品的通用范围宽，一种规格可适用多种电缆线径。因此冷收缩型电缆终端产品的规格较少，容易选择和管理。

d. 与热收缩型电缆终端相比，除了它在安装时可以不用火加热从而更适用于不宜引入火种场所安装外，在安装以后挪动或弯曲时也不会像热收缩型电缆终端那样容易在终端内部层间出现层隙的危险。这是因为冷收缩型电缆终端是靠橡胶材料的弹性压紧力紧密贴附在电缆本体上，可以适从于电缆本体适当的变动。

e. 与预制型电缆终端相比，虽然两者都是靠橡胶材料的弹性压紧力来保证内部界面特性，但是冷收缩型电缆终端不需要像预制型电缆终端那样与电缆截面一一对应，规格比预制型电缆终端少。另外，在安装到电缆上之前，预制型电缆终端的部件是没有张力的，而冷收缩型电缆终端是处于高张力状态下，因此必须保证在贮存期内，冷收缩型部件不能有明显的永久变形或弹性应力松弛，否则安装在电缆上以后不能保证有足够的弹性反紧力，从而不能保证良好的界面特性。

（3）预制型电缆终端，又称预制件装配式电缆终端。经过二十多年的发展，预制型终端已经成为国内外使用最普遍的电缆终端之一。预制型终端不仅在中低电压等级中普遍使用，在高压和超高压电压等级中也已逐渐成为主导产品。预制型电缆终端与冷缩型电缆终端在结构上是一样的，预制型户内终端如图3-9所示，预制型户外终端如图3-10所示。预制型电缆终端还可以做成肘形电缆终端，如图3-11所示。

图3-9 预制型户内终端　　图3-10 预制型户外终端

图3-11 肘形电缆终端
（a）实物图；（b）接线图

1）应用范围。预制型电缆终端是将电缆终端的绝缘体、内屏蔽和外屏蔽在工厂里预先制作成一个完整的预制件的电缆终端。预制件通常采用三元乙丙橡胶（EPDM）或硅橡胶（SIR）制造，将混炼好的橡胶料用注橡机注射入模具内，而后在高温、高压或常温、高压下硫化成型。因此，预制型电缆终端在现场安装时，只需将橡胶预制件套入电缆绝缘上即可。

2）组成。

a. 终端主体。采用内、外半导电屏蔽层和应力控制为一体预制橡胶绝缘件。

b. 绝缘管。用于户内、外终端，为热缩或冷缩型。

c. 半导电自黏带。

d. 分支手套，用于户内外终端，为热缩或冷缩型。

e. 肘形绝缘套，为预制橡胶绝缘件。

3)特点。鉴于硅橡胶的综合性能优良,在 35kV 及以下电压等级中,绝大部分的预制型终端都是采用硅橡胶制造。这类终端具有体积小、性能可靠、安装方便、使用寿命长等特点。所有橡胶预制件内外表面应光滑,不应有肉眼可见的疤痕、突起、凹坑和裂纹。

a. 这种电缆终端采用经过精确设计计算的应力锥控制电场分布,并在制造厂用精密的橡胶加工设备一次注橡成型。因此,它的形状和尺寸得到最大限度的保证,产品质量稳定,性能可靠,现场安装十分方便。与绕包型、热缩型等现场制作成型的电缆终端比较,安装质量更容易保证,对现场施工条件、接头工作人员作业水平等的要求较低。

b. 硅橡胶的主链是由硅—氧(Si—O)键组成的,它是目前工业规模生产的大分子主链不含碳分子的一类橡胶,具有无机材料的特征,抗漏电痕迹性能好,耐电晕性能好,耐电蚀性能好。

c. 硅橡胶的耐热、耐寒性能优越,在 $-80 \sim 250℃$ 使用范围内电性能、物理性能、机械性能稳定。其次硅橡胶还具有良好的憎水性,水分在其表面不形成水膜而是聚集成珠,且吸水性小于 0.015%,同时其憎水性对表面灰尘具有迁移性,因此抗湿闪、抗污闪性能好。另外硅橡胶的抗紫外线、抗老化性能好。因此硅橡胶预制型终端能运用于各种恶劣环境中,如极端温度环境、潮湿环境、沿海盐雾环境、严重污秽环境等。

d. 硅橡胶的弹性好。电缆与电缆终端的界面结合紧密可靠,不会因为热胀冷缩而使界面分离形成空隙或气泡。与热缩型电缆终端比较,由于热缩材料没有弹性,靠热熔胶与电缆绝缘表面黏合,运行时随着负荷变化而产生的热胀冷缩会使电缆与电缆终端的界面分离而产生空隙或气泡,导致内爬电击穿。此外,热缩终端安装后如果电缆揉动、弯曲可能造成各热缩部件脱开形成层隙而引起局部放电的问题,预制型终端安装后完全可以揉动、弯曲,而几乎不影响其界面特性。

e. 硅橡胶的导热性能好,其导热系数是一般橡胶的两倍。众所周知,在电缆终端内有两大热源,一是导体电阻(包括导体连接的接触电阻)损耗,二是绝缘材料的介质损耗。它们将影响终端的安全运行和使用寿命。硅橡胶良好的导热性能有利于电缆终端散热和提高载流量,减弱热场造成的不利影响。

5. 110kV 及以上电压等级的电缆终端

110kV 及以上交联聚乙烯电缆终端的主要品种为户内终端、户外终端、GIS 终端和变压器终端。户内终端和户外终端可统称为空气终端。交联聚乙烯电缆终端主要型式为预制橡胶应力锥终端，更高电压等级的交联电缆终端采用硅油浸渍薄膜电容锥终端（简称电容锥终端）。

预制橡胶应力锥终端是国内使用的高压交联电缆附件的主要形式。

（1）空气终端。

1）适用范围。交联聚乙烯绝缘电缆空气终端适用于户内、外环境，户外终端外绝缘污秽等级分 4 级，分别以 1、2、3、4 数字表示。

空气终端按外绝缘类型主要分为瓷套管空气终端（如图 3-12 所示）、复合套管空气终端（如图 3-13 所示）、柔性空气终端（如图 3-14 所示）。

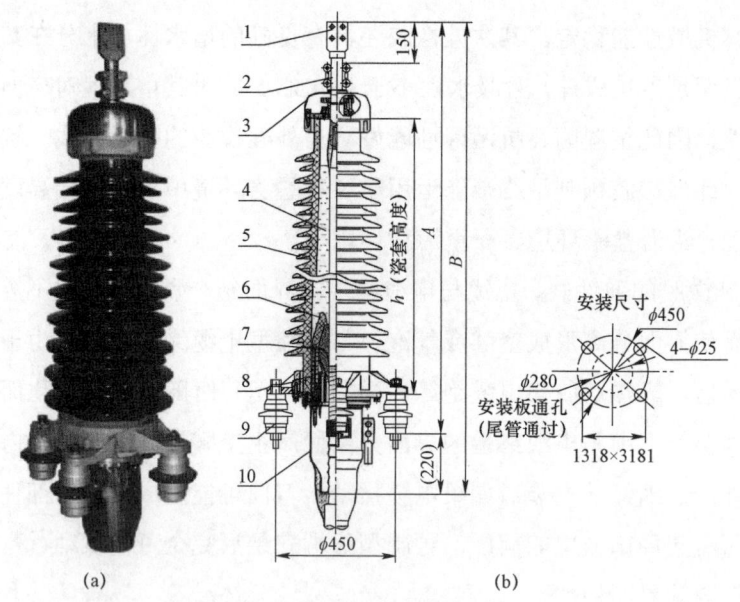

图 3-12 瓷套管空气终端
(a) 外观；(b) 尺寸图
1—出线金具；2—接线柱；3—屏蔽罩；4—硅油；5—瓷套；6—应力锥罩；
7—应力锥；8—锥托；9—支撑绝缘子；10—尾管

第三章 电力电缆附件

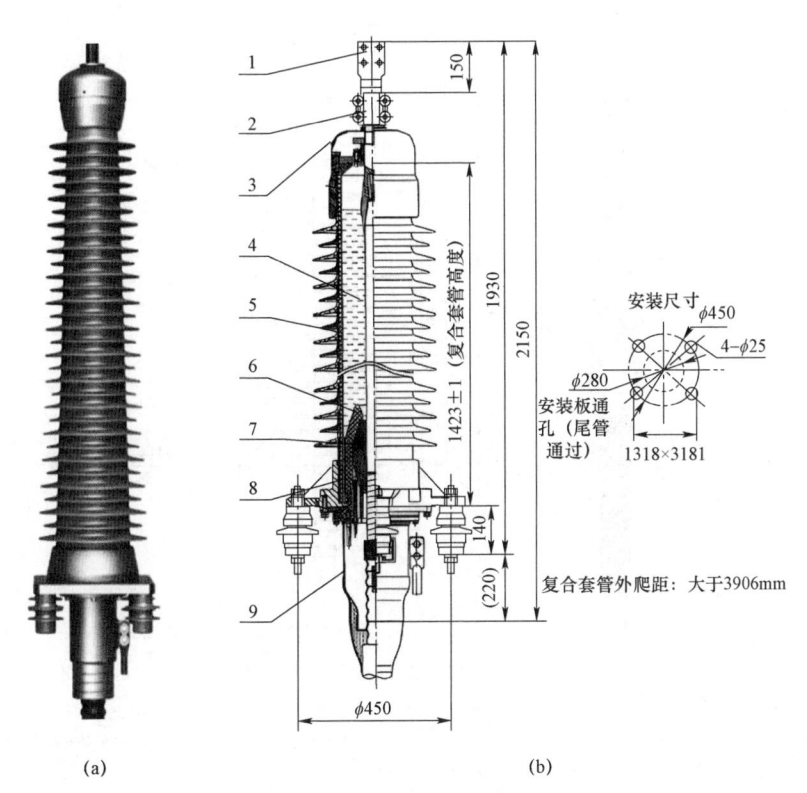

图 3-13 复合套管空气终端
(a) 外观；(b) 尺寸图
1—出线金具；2—接线柱；3—屏蔽罩；4—硅油；5—复合套管；6—应力锥罩；
7—应力锥；8—锥托；9—尾管

2）组成部件。

a. 瓷套管空气终端：① 预制应力锥；② 应力锥罩；③ 应力锥托；④ 瓷套管；⑤ 尾管；⑥ 屏蔽罩；⑦ 支撑绝缘子；⑧ 绝缘填充剂；⑨ 接线端子；⑩ 各种密封圈；⑪ 各种带材。

b. 复合套管空气终端：① 预制应力锥；② 应力锥罩；③ 应力锥托；④ 复合套管；⑤ 尾管；⑥ 屏蔽罩；⑦ 支撑绝缘子；⑧ 绝缘填充剂；⑨ 接线端子；⑩ 各种密封圈；⑪ 各种带材。

c. 柔性空气终端：① 终端主体；② 接线端子；③ 各种带材。

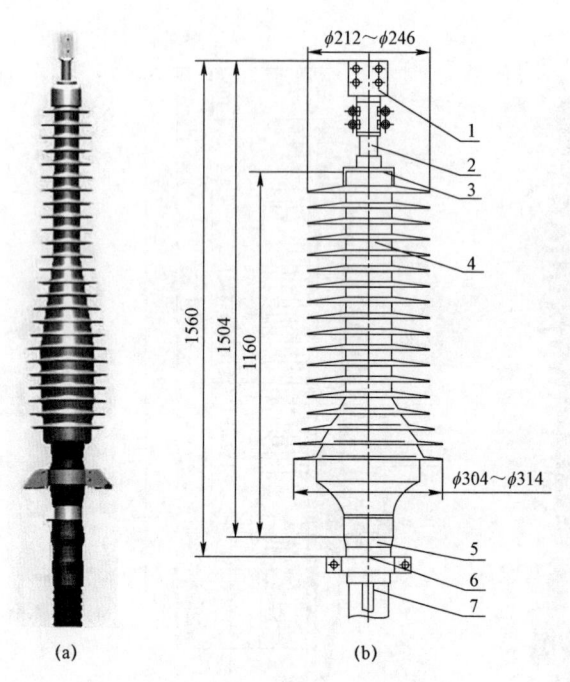

图 3-14 柔性空气终端
(a) 外观；(b) 尺寸图
1—出线金具；2—接线柱；3—罩冒；4—绝缘主体；5—护套管；6—电缆固定夹；7—接地线

（2）GIS 终端和变压器终端。

1）GIS 终端和变压器终端在结构上是基本相同的。分为填充绝缘剂式和全干式，填充绝缘剂式分为绝缘油和 SF_6 气体。当填充绝缘油时可以外挂油罐，也可以不挂，挂油罐的好处是可以随时观察绝缘剂的情况，当填充 SF_6 气体时，可以与 GIS 仓或变压器仓相连通。终端外绝缘 SF_6 最低气压为 0.25MPa（表压，对应 20℃温度），通常为 0.4MPa。变压器终端也可以运行于变压器仓的变压器油中。

终端还可以分为普通终端（如图 3-15 所示）、插拔式终端（如图 3-16 所示）。所谓普通终端是指整个终端制作安装完成以后，再整体穿入 GIS 仓或变压器仓。所谓插拔式终端是指先把环氧套管穿入 GIS 仓或变压器仓，再把准备好的电缆等穿入环氧套管，这样做的好处是电缆终端安装与电气设备安装可以各自独立进行，互不影响，有利于保证工程工期。

第三章　电力电缆附件

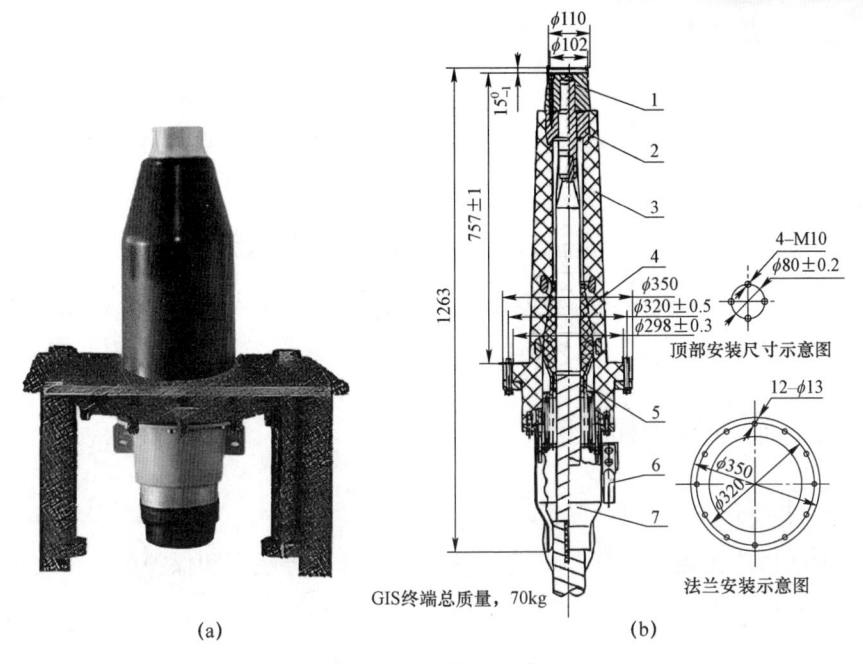

图 3-15　普通终端
（a）外观；（b）尺寸图
1—接头；2—接线柱；3—环氧套管；4—应力锥；5—锥托；6—接线端；7—尾管

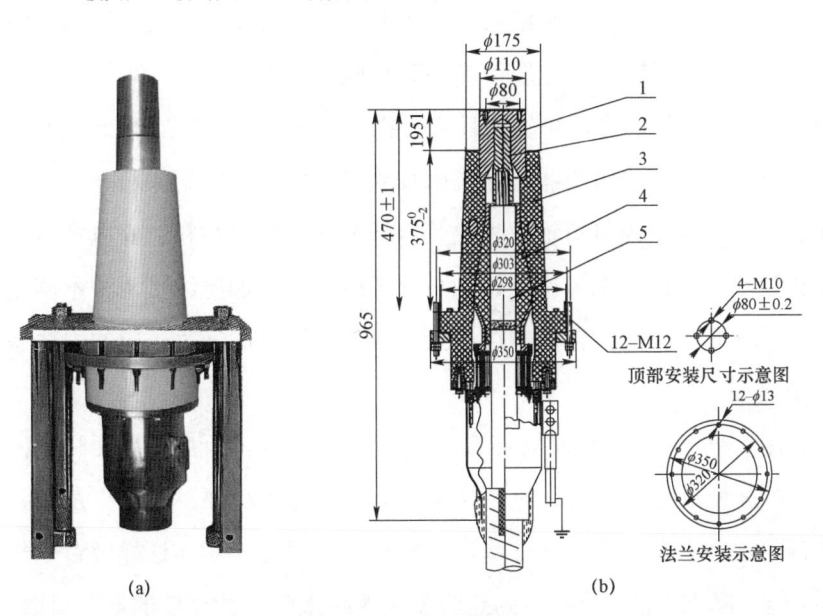

图 3-16　插拔式终端
（a）外观；（b）尺寸图
1—插拔座；2—插拔头；3—环氧套管；4—应力锥；5—电缆

95

2）组成部件。

a. 普通终端：① 预制应力锥；② 应力锥托；③ 环氧套管；④ 尾管；⑤ 屏蔽罩连接金具；⑥ 绝缘填充剂（干式无）；⑦ 接线端子；⑧ 各种密封圈；⑨ 各种带材。

b. 插拔式终端：① 预制应力锥；② 应力锥托；③ 环氧套管；④ 尾管；⑤ 屏蔽罩连接金具；⑥ 绝缘填充剂（干式无）；⑦ 接线端子；⑧ 插拔座及插拔头；⑨ 各种密封圈；⑩ 各种带材。

二、电力电缆中间接头

1. 中间接头的定义

中间接头是连接电缆与电缆的导体、绝缘、屏蔽层和保护层，以使电缆线路连续的装置。

2. 中间接头的作用

（1）电应力的控制。在电缆中间接头里，除了要控制电缆屏蔽切断处的电应力分布以外，还要解决线芯绝缘割断处应力集中的问题，两端电缆外屏蔽切断处电应力的控制与电缆终端头有相同的要求。对于 20kV 及以上电压等级的电缆，传统的办法是切削反应力锥，俗称"铅笔头"，以此来减小处于线芯高电场处引起电缆绝缘与增绕附加绝缘界面爬电的切向场强。电缆中同一断面上有不同绝缘材料组成时，其电场分布与绝缘材料的介电常数有关，在连接管附近，由于电缆本身绝缘与手工绕包的附加绝缘带两种不同绝缘材料内电场分布不一样，使同一层绝缘上相邻两点之间产生一定的电位差，即轴向场强。

由图 3-17 可见，切向场强 $E_t = E_n \tan\alpha$，要使沿反应力锥面爬电的危险性小，必须使反应力锥面上的电位梯度小，也就是 E_t 要小。欲使 E_t 小，则必须使锥面水平夹角 α 小，当 α 趋近于零时，E_t 就等于零。这样做对电气性能有利，但实际上无法做到，因为这将使电缆头太长。通常 E_t 的最大值取 0.1～0.3kV/mm。

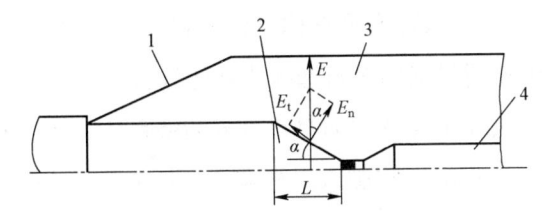

图 3-17 反应力锥场强分析

1—应力锥；2—反应力锥；3—加强绝缘；4—导体连接管；L—反应力锥的长度；
E_t—沿反应力锥面的电场强度；E_n—垂直反应力锥面的电场强度；
E—径向电场强度；α—反应力锥面水平夹角

交联聚乙烯绝缘电缆一般用电工刀或特制的刀具来完成切削反应力锥的工作。由于削成理论复对数曲线比较难实现，一般选择一条理想的直线来完成"铅笔头"的切削。但可以用专用刀具制作近似复对数曲线的"铅笔头"。如图 3-18 所示为交联聚乙烯电缆"铅笔头"示意图。

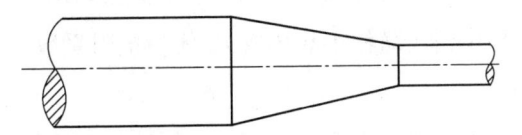

图 3-18 交联聚乙烯电缆的"铅笔头"示意图

（2）实现电缆与电缆之间的电气连接。

（3）实现电缆的接地或接头两侧电缆金属护套的交叉互联。

（4）通过中间接头的密封实现电缆的密封。

3. 中间接头分类

（1）中间接头按照用途不同可以分为七种：

1）直通接头。连接两根电缆形成连续电路。

2）绝缘接头。将导体连通，而将电缆的金属护套、接地屏蔽层和绝缘屏蔽在电气上断开，以利于接地屏蔽或金属护套进行交叉互联，降低金属护套感应电压，减小环流。

3）塞止接头。将充油电缆线路的油道分隔成两段供油。

4）分支接头。将支线电缆连接至干线电缆或将干线电缆分成支线电缆。

5）过渡接头。连接两种不同类型绝缘材料或不同导体截面积的电缆。

6）转换接头。连接不同芯数电缆。

7）软接头。接头制成后允许弯曲呈弧形状，主要用于水底电缆。

在电力工程中使用最多的是直通接头和绝缘接头。

（2）中间接头按其不同特性的材料也分为绕包式、浇注式、模塑式、热（收）缩式、冷（收）缩式、预制式六种类型。其中预制式有整体预制式和组装预制式，整体预制式主要部件是橡胶预制件，预制件内径与电缆绝缘外径要求过盈配合，以确保界面间维持足够压力。组装预制式以预制橡胶应力锥及预制环氧绝缘件在现场组装并采用弹簧机械紧压。

现在电缆线路中应用最多的是热缩式、冷缩式和预制式三种类型的中间接头。

4. 中、低压电缆中间接头

（1）热缩中间接头的组成部件。

1）热收缩绝缘管（简称绝缘管）。作为电气绝缘用的管形热收缩部件。

2）热收缩半导电管（简称半导电管）。体积电阻系数为 $1\sim10\Omega \cdot m$ 的管形热收缩部件。

3）热收缩应力控制管（简称应力管）。具有相应要求的介电系数和体积电阻系数，能均匀中间接头电场集中的管形热收缩部件。

4）热收缩耐油管（简称耐油管）。对使用中长期接触的油类具有良好耐受能力的管形热收缩部件。

5）热收缩护套管（简称护套管）。作为密封，并具有一定的机械保护作用的管形热收缩部件。

6）热熔胶。为加热熔化黏合的胶黏材料，与热收缩部件配用，以保证加热收缩后界面紧密黏合，起到密封、防漏和防潮作用的胶状物。

7）填充胶。与热收缩部件配用，填充收缩后界面结合处空隙部的胶状物。

（2）冷缩中间接头的组成部件。

1）接头主体。采用内、外半导电屏蔽层和应力控制为一体的冷收缩绝缘件。

2）绝缘管。

3）半导电自黏带。

冷缩中间接头主要部件绝缘主体如图 3-19 所示。

(3) 预制中间接头组成部分。

1) 终端主体。采用带内、外半导电屏蔽层和应力控制为一体的预制橡胶绝缘件。

2) 热缩或冷缩型绝缘管或绝缘带。

3) 半导电自黏带。

预制中间接头主要部件绝缘主体如图 3-20 所示。

图 3-19 冷缩中间接头绝缘主体　　　图 3-20 预制中间接头绝缘主体

5. 110kV 及以上电压等级的中间接头

110kV 及以上交联电缆中间接头,按照它的功能,以将电缆金属护套、接地屏蔽和绝缘屏蔽在电气上断开或连通分为两种中间接头,电气上断开的称为绝缘接头,电气上连通的称为直通接头。

无论是绝缘接头或直通接头,按照它的绝缘结构区分有绕包型接头、包带模塑型接头、挤塑模塑型接头、预制型接头等类型。

目前在电缆线路上应用最广泛的是预制型中间接头。110kV 及以上交联电缆的预制型中间接头用得较多的有两种结构。

(1) 组装式预制型中间接头。它是由一个以工厂浇铸成型的环氧树脂作为中间接头中段绝缘和两端以弹簧压紧的橡胶预制应力锥组成的中间接头。两侧应力锥靠弹簧支撑。接头内无需充气或填充绝缘剂。组装式预制型中间接头的基本结构如图 3-21 所示,这种中间接头的主要绝缘都是在工厂内预制的,现场安装主要是组装工作。与绕包型和模塑型中间接头相比,对安装工艺的依赖性相对减少了些,但是由于在结构中采用多种不同材料制成的组件,所以有大量界面,这种界面通常是绝缘上的弱点,因此现场安装工作的难度也较高。由于中间接头绝缘由三段组成,因此在出厂时无法进行整体绝缘的出厂试验。

图3-21 组装式预制型中间接头的基本结构

（2）整体预制型中间接头。整体预制型中间接头是将中间接头的半导电内屏蔽、主绝缘、应力锥和半导电外屏蔽在制造厂内预制成一个整体的中间接头预制件。与上述组装式预制型中间接头比较，它的材料是单一的橡胶，因此不存在上述由于大量界面引起的麻烦。现场安装时，只要将整体的中间接头预制件套在电缆绝缘上即可。安装过程中，中间接头预制件和电缆绝缘的界面暴露的时间短，接头工艺简单，安装时间也缩短。由于接头绝缘是整体的预制件，接头绝缘可以做出厂试验来检验制造质量。这种接头是由欧美电缆制造厂商开发的，比较受用户欢迎，在我国已普遍使用。根据中间接头主体（应力锥）安装方式的不同，可以分为套入式、现场扩张式和工厂预扩张（冷缩）式。交联聚乙烯绝缘电缆整体预制型绝缘接头的结构如图3-22所示，交联聚乙烯绝缘电缆整体预制型直通接头的结构如图3-23所示，交联聚乙烯绝缘电缆整体预制中间接头预制件的内部结构如图3-24所示。

图3-22 整体预制型绝缘接头

图3-23 整体预制型直通接头

整体预制中间接头的组成部件：绝缘接头和直通接头的组成部件是基本相同的，主要区别在于绝缘接头的预制件的外屏蔽是断开的，有一个绝缘隔断，两侧铜保护壳之间装有绝缘子或绝缘衬垫，而直通接头没有。主要组成部件有：

第三章 电力电缆附件

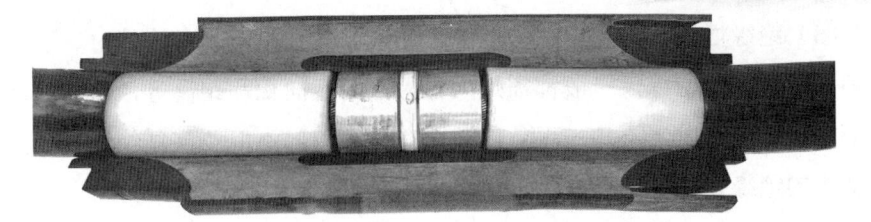

图 3-24 整体预制中间接头预制件的内部结构

1）连接管和屏蔽罩。

2）预制件。

3）铜保护壳。

4）绝缘子或绝缘衬垫（绝缘接头）。

5）可固化绝缘填充剂。

6）玻璃钢保护外壳（直埋电缆）。

7）接地编织带。

8）各种带材。

9）封铅或环氧树脂密封料。

三、对电缆附件的技术要求

1. 电缆附件的基本技术要求

一般电缆线路的故障大部分发生在电缆的附件上，故电缆的附件无论从理论上或实际中都证实是电缆线路的薄弱环节，因此电缆附件的质量直接关系到电缆线路的运行安全，所以电缆的接头必须满足以下技术要求：

（1）导电性能良好。电缆与电缆之间或与其他电气设备连接时，导电性能的连续性发生了变化，为保证不减少电缆的输送电能，要求连接处的电阻与同长度、同截面积、同材料导体的电阻相同（在实际施工中是较难达到的），运行后连接处的电阻应小于同长度、同截面积和同材料导体电阻的 1.2 倍。

（2）机械强度良好。电缆与电缆之间或与其他电气设备连接时，电缆的机械强度也发生了变化。为了保证电缆有足够的机械强度，要求连接处的抗拉强度不低于导体本身的 60%，并具有一定的耐振动性能。

101

（3）绝缘性能良好。电缆与电缆之间或与其他电气设备连接时，连接处必须去除电缆的绝缘，一般都需加大连接点的截面积和距离等，从而使接头内部的电场分布发生不均匀现象，因此在接头内部不但要恢复绝缘，并且要求接头的绝缘强度不低于电缆本体。

（4）密封性能良好。电缆与电缆之间或与其他电气设备连接时，连接处电缆的密封被破坏。为了防止外界的水分和杂物的侵入，防止电缆或接头内的绝缘剂流失，电缆附件均应达到可靠的密封性能要求。

（5）防腐蚀。在制作电缆接头时，要使用焊剂、清洁剂、填充物和绝缘胶等之类的材料，这些材料必须是无腐蚀性的，并且在接头部位的表面采取防腐蚀措施，以防止周围环境对接头产生腐蚀作用。

2. 密封处理

电缆接头的增绕绝缘及电场的处理是接头成败的关键，但接头密封工艺的质量往往直接牵涉到电缆接头能否正常安全运行，必须重视密封处理这一环节，在设计和安装上应予以充分考虑。

（1）油纸电缆密封。对于油浸纸绝缘电缆，因其绝缘外有金属护套（铅或铝包），因此都采用封铅工艺来进行附件的密封处理。封铅要求与电缆本体铅（铝）包及接头套管或终端法兰紧密连接，使其达到与电缆本体有相同的密封性能和机械强度。另外，在封铅过程中又不能因温度过高、时间过长而烧伤电缆本体内部绝缘。

高压、超高压充油电缆接头和终端在运行中往往要承受一定的压力，所以封铅要求较高，一般应分两次进行，内层为起密封作用的底铅，外层为起机械保护作用的外铅。高压、超高压电缆在运行中对护层绝缘要求较高，所以在接头铜盒外要加灌沥青绝缘胶，同时也起一定的密封作用。

（2）塑料电缆密封。对于塑料电缆绝缘外有密封防水金属护套的高压、超高压电缆附件，常采用与充油电缆相同的封铅来进行密封；对于塑料电缆绝缘外无密封防水金属护套的中、低压电缆附件，则通常用一些防水带材及防水密封胶来进行电缆附件密封。前面已经分析过，水分的侵入会在塑料电缆绝缘表面形成水树枝现象，从而会大大加速其绝缘的老化，所以说塑料电缆的密封要求是很高的。塑料电缆常用的密封材料有以下三种：

第三章 电力电缆附件

1）密封防水带。一般绕包在附件增绕绝缘的最外层或附件与电缆外护层连接部位。常用的有乙丙橡胶带、环氧树脂胶带，增绕绝缘材料除了作为附件的主绝缘外，也有防水的密封功能。

2）密封热缩管。它是一种遇热后能均匀收缩的塑料管，已广泛地用在塑料电缆附件上，用于整个附件的防水密封。其管内涂有热熔胶，经加热以后收缩与电缆本体绝缘外护层紧密粘连，从而达到密封防水作用。

3）防水胶。为了更好地对电缆接头进行密封防水处理，目前常在接头外再加装一只玻璃钢保护盒，内灌满沥青防水胶或其他防水化合物，使其凝固后达到防止水分浸入内部的作用，这些措施同样也能对整个接头起机械保护的作用。

3. 电晕及限制电晕放电的方法

（1）电晕放电现象的一般描述。在极不均匀电场中，最大场强与平均场强相差很大，以至当外加电压及其平均场强还较低时，电极曲率半径较小处附近的局部场强已很大。在这局部场强区中，产生强烈的游离，但由于离电极稍远处场强已大为减小，所以，此游离区不可能扩展到很大，只能局限在电极附近的局部场强范围内，伴随着游离而存在的复合与反激励，发生大量的光辐射，使在黑暗中可以看到在该电极附近空间发生蓝色的晕光，这就是电晕，这个晕光层就叫电晕层。当电晕放电达到一定程度后，就会导致沿面闪络。电晕放电具有如下的效应：

1）有声、光、热等效应，表现为发出"咝咝"的声音、蓝色的晕光以及周围气体温度升高等。

2）电晕放电过程中会产生许多化学反应，并产生能量损耗，所产生的氧化剂是加速绝缘老化的重要因素之一。

（2）限制电晕方法。运行中的电缆终端瓷套管表面、安装在湿度较大地方的户内电缆终端（RP 老式干封头）、环氧树脂头及新型各类热缩头三芯分叉处的电缆尾线引出的部位、安装在废气污染较严重地方的户外终端尾线及出线夹具、油纸电缆接头铅包端口、塑料电缆接头铜屏蔽及半导电体切断部位等地方很容易出现电晕，所以在电缆终端、接头绝缘设计和安装运行环境方面要充分考虑到电晕放电的现象。根据电晕放电的一些特征，常常采用一些必要的方法来改善电场，限制电晕的发生。

1）采用外屏蔽装置来改善电极形状，使沿固体电介质表面的电压分布均匀化，使其最大电位梯度减小。高压电力系统中很多电气设备的出线套管顶端常用的绝缘帽、屏蔽罩或屏蔽环等都是外屏蔽原理的具体应用，是限制电晕的一些较有效的方法。

高压电缆终端外屏蔽结构的要求一般为瓷套高压端和接地端在工作电压下不能出现电晕，在型式试验电压下不能有强烈的、向两端发展的放电电弧；能有效地提高瓷套外绝缘的闪络强度；结构要尽量简单并便于加工制造。以上要求在进行终端绝缘设计时应充分考虑。

2）高压电力系统多年的运行经验表明，恶劣的大气条件如雾、露、雪、毛毛雨等天气，极易发生电晕或污闪，因此对安装在这些环境中的电缆终端瓷套、绝缘层表面要每年定期进行清扫，以去除污秽。

3）在容易发生电晕及沿面放电的介质表面涂以适当电阻率的半导电涂料，以减少该处的表面电阻，即可减少该处的表面电位梯度、抑制电晕的发生。这种方法被广泛地用在电缆接头及终端瓷套上，是一种很有发展前途的方法，值得重视。

4）改善电缆终端的设计，如对于干包或热缩型的电缆终端可采用等电位的方法，即在线芯绝缘表面包上金属屏蔽带，通过与接地网相互连接来达到消除电晕的目的。此外还可通过在电缆终端上加装应力锥来改善电场分布，限制电晕。

5）对安装在室内的电缆沟等土建设备采取自动排水系统，改善通风条件，加装去潮装置等来提高空气的干燥程度，从而限制此类电晕的发生。

第二节　电缆附件的制作

1. 校潮

校潮是指通过一定的方法和手段检查电缆中是否存在潮气或水分。

（1）油浸纸绝缘电缆校潮。油浸纸绝缘电缆应将纸绝缘逐层撕下，浸入140～150℃的电缆油中观察，如果有泡沫冒出，说明有潮；有噼啪声，则说明受潮严重。也可以撕下 2~3 层绝缘纸，点燃燃烧，如果纸带上火头处有泡沫，说明有潮，并伴随有噼啪声，说明受潮严重。绝缘层如果有潮，则应切除电缆，直至电缆无潮为止。

（2）橡塑电缆校潮。橡塑电缆应逐层解剖，观察铠装、金属屏蔽层和线芯有无锈蚀，填充料是否潮湿，缓冲阻水带是否有变化，外屏蔽表面和线芯中是否有水珠等。如果有潮，则应切除电缆，直至电缆无潮为止。

2. 电缆剥切

（1）剥切尺寸的基准线确定。在终端安装位置的高度处或在接头确定的中心位置（应使电缆的两端重叠部分不小于 200mm）处做出标记，此标记就为所有剥切尺寸的基准线。

（2）外护套的剥切。作好尺寸标记，用锋利的刀先做环形切割，再切割一道或两道纵向切口，最后用手剥除外护套。

（3）铠装层的剥切。在末端用恒力弹簧或绑线扎好，以防止铠装层松脱，沿绑线的边缘用钢锯锯铠装层，锯切的深度不能超过铠装层厚度的 1/2，用钳子除去铠装层。如锯穿铠装层，一般会损坏内护套；锯深不够时，铠装层断面不能断整齐。

（4）内衬层的剥切。铠装层剥去后，由于内衬层和内护套一般为沥青黏合在一起，故需加热后，将内衬层去掉并用溶剂擦净内护套表面。这工序应注意加热的温度均匀和不能使内护套损坏。手工剥去内衬层，并在末端用刀割断。

（5）内（金属）护套、屏蔽带和半导电层的剥切。

1）金属护套的剥切。用锋利的刀（电工刀、管刀、手锯或自制的刀）做环形切割，其深度超过内（金属）护套厚度的 1/2。然后在双线式、切线式、专用剥切刀三种方法中，任选一种方法在电缆的纵向做切割后，即可剥除内（金属）护套。在剥切过程中必须注意，剥除时不能损坏绝缘半导电层。对于铝护套可用倒链或手工拨出。剥切的三种方法简述如下：

a. 双线式。用锋利的刀从环形切割处开始，往末端划两条平行距离为 5~10mm 的深痕，深度也应不超过内护套厚的一半，然后用钳子从末端将 10~15mm 一条内（金属）护套拉下，这样余下的内（金属）护套就能很容易地

105

取下了。这种方法用于剥除内（金属）护套较薄的电缆比较有效。

b. 切线式。如图3-25所示用自制专用的刮铅刀从电缆的端部开始，与电缆横截面成30°～45°，刀面紧贴绝缘层表面，用铁锤锤击刀背将内护层切断至环行切割处后，就很容易将铅护套剥下。铅护套较厚时，常采用此方法。

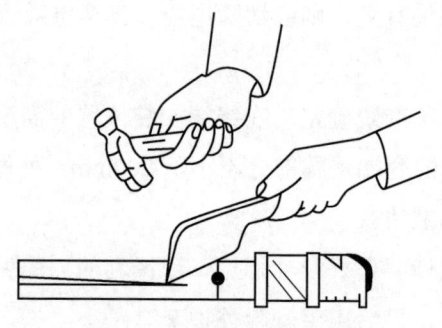

图3-25 刮铅刀切线剥切

c. 专用剥切刀。使用专用剥切刀时注意不可切割穿透内（金属）护套，否则必使绝缘层割伤，影响接头的绝缘性能。

2）屏蔽带和半导电层的剥切。

a. 有金属内护套的电力电缆一般只有屏蔽纸，这时只需按设计要求保留内护套切断口处的部分，将其余部分撕去即可。

b. 无金属内护套的油浸纸绝缘电力电缆必须有金属屏蔽带，金属屏蔽层的剥除位置应在金属屏蔽带末端用镀锡铜丝绑扎或恒力弹簧、PVC带扎紧，用锋利的刀做环形切割，逐渐将屏蔽带剥下即可，切割时应注意不可割伤绝缘层。

c. 对于交联聚乙烯电力电缆，金属屏蔽层的剥切与上述方法相同，而可剥离半导电层的剥切，可用锋利的刀（壁纸刀）先在去除处做环形切割，从电缆端部至环形切割处做3～4道纵向切割，然后逐条撕去条形状半导电即可。注意绝对不允许切透半导电层而伤及绝缘，并确认在绝缘层表面没有遗留半导电颗粒。若为不可剥离的半导电层时，则可用专用刀具或碎玻璃片刮除，刮除半导电层时虽不可避免要刮去部分绝缘层，但必须注意尽可能少刮去绝缘层。另外，不可剥离的半导电层经过喷枪或喷灯加热后，能够降低剥离力，使不可剥离的半导电层转变为可剥离半导电层，但加热对半导电层的电气性能会造成一定影响，应尽量避免采用这一种方法。

无论用何种方法剥除塑料电缆半导电层，剥除后应再用专用砂布将绝缘层表面砂平、打光，把半导电层的剥切口砂成锥形，最后用无水酒精纸巾擦净表面。擦净时纸巾一旦擦过半导电层，就不能再擦绝缘层，否则会将半导电层的粒子带到绝缘层上，严重影响接头的绝缘性能。

（6）线芯绝缘层的剥切。

1）核对相位。由于电力电缆一般是应用在三相电力系统中，所以要求电缆的线芯上相位必须和系统一致，为此电缆安装附件前应先进行相位的核对，确定正确的相位。

2）分开线芯。为了能在接头中增加连接处的绝缘性能，应在线芯连接处的绝缘层剥切前，先将线芯分开至连接位置并符合相位排列的要求。

3）锯线芯。锯线芯在接头中尤其显得重要，相差较大时会严重影响接头的电气性能和机械性能，要求尺寸准、断面齐整。

4）线芯的绝缘剥切。用锋利的刀按要求的长度，将端部绝缘部分剥除。在塑料电缆施工时应采用专用刀具。在切线芯绝缘的工艺操作中，无论使用何种刀具，均须注意不能割伤线芯，刀伤产生的尖端在运行中会出现放电现象。

5）线芯绝缘部分的反应力锥的剥切。交联电缆反应力锥的削制（铅笔头），由于该种电缆的绝缘层是整体的，故可采用刀具削制成锥形，改善电场分布的效果，常用的削制方法有如下两种：

a. 第一种为专用工具削制方法。它是应用削铅笔的转刀原理制成的刀具，此刀具可以自制，卷刀的结构尺寸可接电缆的截面积大小和锥体长度两个主要尺寸来设计。刀片制成可调式以调节卷切深度。工艺操作的正确方法是先用卷刀将绝缘层的端部削成要求长度的锥体，然后用刀或碎玻璃片刮削，使锥体的表面基本平整、形体对称、线芯的半导电层留出锥体顶部边缘的10mm，半导电层上的绝缘层应刮除，然后砂平、打光和清洁表面。

b. 第二种为刀或玻璃刮削方法。在没有专用刀具的情况下可采用此法。其工艺的要求同第一种方法，它的操作方法和削铅笔相似，先用刀削至锥形基本形成后,再用刀或碎玻璃片刮平,然后再砂平、打光和清洁表面。用这种方法削制时必须非常小心,不能削坏线芯和削去不该削除的部分。

3. 加热矫直

对于交联聚乙烯电缆在制作电缆附件后,都存在绝缘回缩的问题,根据工程实践经验,中低压电缆可以不考虑其影响,但对于高压及超高压电缆必须考虑其影响,在安装附件前,对电缆进行加热,就是消除电缆内应力,减小绝缘回缩的有效手段,而对电缆进行调直是为了更便于安装附件,保证安装质量。

(1) 电缆加热前的准备工作。

1) 加热前准备并检查加热工具是否处于良好状态,包括自动温度控制器、加热带或加热毯等。

2) 准备所需的材料,包括聚四氟带、铝箔纸、玻璃丝带等。

3) 按安装工艺、图纸的要求去除电缆外护套、金属护套等。

(2) 加热电缆。

1) 采用加热带加热法。

a. 在电缆绝缘屏蔽外,半搭接绕包 1 层 40mm 宽聚四氟带,要求平滑无褶皱。

b. 在聚四氟带外,半搭接绕包 1 层玻璃丝带,要求平滑无褶皱。

c. 在玻璃丝带外,半搭接绕包 1 层铝箔纸,要求平滑,并在电缆加热部分的中间部位放置热电偶。

d. 然后再半搭接绕包 1 层玻璃丝带,要求平滑无褶皱。

e. 绕包加热带,绕包间隙保持 2~3 倍的加热带宽度。

f. 在加热带外,绕包保温毯。

g. 将热电偶、加热带电源与自动温度控制器连接在一起,将控制温度调至设定 75℃±3℃,将自动温度控制器接上电源。

h. 打开自动温度控制器电源,待温度到达设定值时开始计时。

i. 经过 4~6h 后,依次断开电源。

2) 采用加热毯加热法。

a. 在电缆绝缘屏蔽外,半搭接绕包 1 层 40mm 宽聚四氟带,要求平滑无褶皱。

b. 在聚四氟带外,半搭接绕包 1 层玻璃丝带,要求平滑元褶皱。

c. 在玻璃丝带外,绕包加热毯。

d. 打开加热毯或自动温度控制器电源,当采用自动温度控制器时,待温度到达设定值时开始计时。

e. 经过 4~6h 后,依次断开电源。

(3) 校直电缆。

1) 用电缆校直器校直电缆,根据电缆运行状态,使电缆保持垂直或水平状态。如果电缆为平躺,应将电缆置于平直的支架上,以保持电缆始终处于水平状态。

2) 做好防护,自然冷却至常温,冷却时间一般不少于 24h。

4. 绝缘处理

(1) 绝缘处理的重要性。在电缆附件的绝缘中有不少多种介质交界的地方,不同介质的交界面称为界面。可以把界面设想为很薄的一层间隙,由于两层绝缘材料表面是凹凸不平的,间隙中包含有不均匀散布的材料微小颗粒、少量水分、气体和溶剂等异物。这些因素对附件内的电场分布具有极大的影响。而电缆绝缘及半导电层斜坡与应力锥的界面就是电缆附件中最重要的一个界面。在 110kV 及以上电压等级的高压交联电缆附件中,它就成了制约整个电缆附件绝缘性能的决定因素,成了电缆附件绝缘的最薄弱环节。尽管电缆附件绝缘设计时已经采取了适当裕度,保证在正常安装后的使用,但是在安装时还必须特别注意电缆绝缘表面的处理。

(2) 电缆绝缘表面的处理。通常电缆绝缘表面的处理方法是用专用刀具、玻璃片等刮削,然后用砂布抛光。一般先用打磨机打磨,再手工精细打磨,打磨的砂布从 240 目至 1200 目不等。在打磨时应注意,砂布从低目到高目依次使用,打磨过半导电层的砂布绝对不能再打磨绝缘。

采用清洗纸、无水酒精清洗电缆表面,清洗方向应由绝缘层向半导电层方向擦洗,一次擦洗过的清洗纸不得重复使用。

5. 导体连接

(1) 线芯导体连接的基本要求。电缆线芯导体连接的方法很多,有焊接

（铅焊、熔焊、亚弧焊）、压接和机械螺栓连接等。不管采用何种连接方法，都应该满足以下基本要求：

1）连接点的电阻小而且稳定。连接点的电阻与相同长度、相同截面积的导体电阻的比值，对于新安装电缆头，应不大于 1，运行中电缆头应不大于 1.2。

2）足够的机械强度，主要是指抗拉强度。对于固定敷设的电缆，其连接点的抗拉强度要求不低于导体本身抗拉强度的 60%。

3）耐电化腐蚀。铜与铝相接触，由于两种金属标准电极电位相差较大，当有介质存在时，铝会产生电化腐蚀，从而使接触电阻增大。因此，铜铝连接应引起足够的重视，应使两种金属分子产生相互渗透。现场施工可采用铜管内壁镀锡后进行锡焊的连接方法。

4）耐振动。在船用、航空和桥梁等场合，对电缆头的耐振动性要求很高，往往超过了对抗拉强度的要求。

（2）锡焊法连接导体。

1）线芯应锯齐，保证连接长度。

2）剥除线芯末端的绝缘层，其长度为连接管长度的 1/2 加上 5mm，然后用隔热带材包覆裸露部分的绝缘层后，若非圆形的线芯应扎成圆形，并将连接部分的每股导体表面先镀好锡。

3）将已分开的连接管用特制的夹钳夹紧在两端线芯中心位置上，然后再用隔热带材包覆连接管的两端线芯，防止浇锡时焊锡从连接管流出。如缺少与截面相符的连接管时，则可采用大一号的连接管加入细铜丝（注意不能露出接管）来增大直径，绝不可采用小号连接管来处理。

4）不断用热熔的焊锡浇连接管处，并加入焊剂，使线芯和连接管的焊锡完全熔和后，再用夹钳夹紧连接管，在焊锡未凝固前用抹布将连接管填满，并且将管外焊锡除去。浇焊锡时应注意不要浇在绝缘上，以免将绝缘烫焦。

5）冷却后拆除连接管两端隔热带材，检查焊接质量，应饱满、无裂纹、无气孔，否则需重新焊接。然后将连接处挫平打光，并用汽油擦净。

（3）压接法连接导体。

1）压接的特点。压接的原理是利用两块金属的表面在压力的作用下，其表面的氧化膜破裂后，使一小部分的金属相互渗透而形成一体。由于铜的氧化膜易除去，所以铜线压接比铝线压接容易，并且容易使导电性能得到保证。

根据原理可知，电缆线芯压接后，既要连接良好，又要不减少截面积，则压接时的压力大小是一个关键。经研究得出，只要满足一定的压缩比，就可满足连接的要求。压接模具的设计与制造，均已满足这一要求，因此在施工中不能随意换用压模或使用非正规的压接钳，而是必须选用标准的压接钳，并压至模具正好相接为止。

目前压接有围压和坑（点）压两种形式，围压是使压接部分四周受力，坑压是在压接的部位压若干个坑（点）。围压压接后连接部位比较平直、外形变化小，即围压后连接管处产生的电场畸变较小。但是围压的受力面大，故所需的压力较大，则需用压力较大的压接钳。点压的受力面比围压小很多，故压强大，易在局部处形成金属的表面渗透，所以坑压的导电性和抗拉强度均比围压好，温度对接点的影响也大大减小。但是由于压坑会引起连接管的弯曲变形，而这种变形又会使电场发生较大的畸变，所以对接头的性能有一定的影响，施工不当易使接头损坏。

压接的特点是工艺简便、快捷，连接处的导电性能接近锡焊，而且耐热的性能比锡焊大大提高。缺点是由于压后金属变形，尤其是点压变形更大，使连接处的电场产生较大的畸变。

压接所用的压接钳，应根据线芯的截面积大小配不同吨位的压接钳，压模必须适当。

2）压接工艺操作要点。

a. 压接前，按连接需要长度剥除绝缘，按连接端子孔深加 5mm 或连接管长度的 1/2 加上 5mm，清除导体表面油污或氧化膜，对铝绞合导体要用钢丝刷刷导体，至导体表面出现光泽为止。

b. 将电缆导体端部处理圆整后插入连接管或端子圆筒内，中间连接时，导体每端插入长度至截止坑（或堵油栅）止。端子连接时，导体应充分插入端子圆筒内，再进行压接。

c. 在压接部位，围压的成形边或坑压的压坑中心线应各自同在一平面或直线上，压接顺序如图 3-26 所示，铜接管及端子压痕间距及其与接管端部的距离应参照表 3-1 的规定。连接管及端子的内径与电缆导体的配合尺寸可参照表 3-2 的规定。

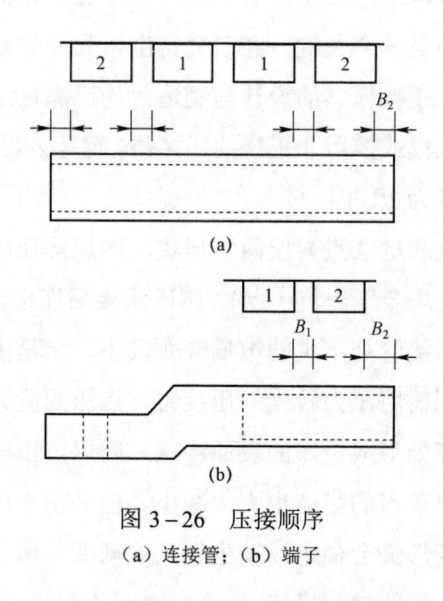

图 3-26 压接顺序
（a）连接管；（b）端子

d. 压模每压接一次，在压模合拢到位后应停留 10~15s，使压接部位金属塑性变形达到基本稳定后，才能消除压力。

e. 应按压钳制造厂说明书规定进行操作。

f. 压接后，接头外观质量应符合以下规定：

a）围压后，压接部位表面应光滑，不应有裂纹和毛刺，所有边缘处不应有尖端。

b）点压后，压坑深度应与阳模应有的压入部位高度一致，坑底应平坦无损。

表 3-1　　铜接管及端子压痕间距及其与接管端部的距离

导体标称截面积（mm^2）	离端部距离 B_1（mm）	压痕间距 B_2（mm）
70	3	5
95	3	5

续表

导体标称截面积（mm²）	离端部距离 B_1（mm）	压痕间距离 B_2（mm）
120	3	5
150	4	6
185	4	6
240	4	6
300	5	7
400	5	7

表 3−2　　　连接管及端子的内径与电缆导体的配合尺寸

电缆截面积（mm²）	导体外径（mm）	接管内径（mm）	端子内径（mm）
25	6.0±0.10	7.0±0.30	7.0+0.22
35	7.0±0.10	9.0±0.30	9.0+0.22
50	8.3±0.10	10.0±0.40	10.0+0.22
70	10.0±0.10	12.0±0.40	12.0+0.27
95	11.6±0.15	13.0±0.50	13.0+0.27
120	13.0±0.15	15.0±0.50	15.0+0.27
150	14.6±0.15	16.0±0.60	16.0+0.27
185	16.2±0.20	18.0±0.60	18.0+0.27
240	18.4±0.20	20.0±0.60	20.0+0.33
300	20.6±0.20	23.0±0.70	22.0+0.33
400	23.8±0.20	26.0±0.80	25.0+0.33
500（推荐）	26.6±0.30	29.0±0.80	28.0+0.33
630（推荐）	30.3±0.30	32.0±0.80	31.0+0.40
800（推荐）	34.0±0.30	36.0±0.80	35.0+0.40
1000（推荐）	38.2±0.30	40.0±0.80	39.0+0.40
1200（推荐）	42.0±0.30	44.0±0.80	43.0+0.40

（4）不同材料、不同截面线芯的连接。铜芯电缆与铝芯电缆连接时，可选用专用的铜铝过渡压接管，采用压接工艺进行连接。铜铝过渡压接管铜、铝之间的连接通常采用铜铝摩擦焊或铜铝闪光焊，解决了铜铝接触处的腐蚀

问题。也可以将铝芯电缆线芯用熔化的焊锡镀上一层锡，然后就可与铜线芯一样进行锡焊。

不同截面的铜芯和铝芯电缆可选用专用的不等截面压接管，用压接法连接。

6. 带材绕包

（1）对加强绝缘的基本要求。绝缘带（包绕用）要有较好的绝缘性能，即交流击穿强度高、介质损耗低。要求抗拉强度和伸长率好，因包绕时需受力拉紧，要求带材有一定的机械强度。同时要求绝缘带在一定拉力作用下能适当的伸长而不影响其绝缘性能，这样在包绕时绝缘带会在弹力的作用下绕包紧密、减少空隙，从而提高接头处的绝缘性能。对接触（绝缘）油的场合的绝缘带还必须要求具有耐油性。

（2）带材的绕包。

1）绕包绝缘带时应保持环境清洁。室外施工现场应有工作棚，防止灰尘或水分落入绝缘内。绕包绝缘带的操作者应戴乳胶或尼龙手套，以避免手汗沾在绝缘上。

2）在油纸电缆上绕包绝缘带前，应对电缆剥切部分用 120～130℃的电缆油冲洗（俗称浇油），以除去绝缘表面的潮气和脏污。

纸绝缘电缆应先用窄的绝缘带将凹凸处包绕填平，然后从绕包范围的端部开始用半重叠法包绕，并必须注意绕包方向应与电缆绝缘最外层绕包方向一致，同时在绕包时，应边包绕、边卷紧、边涂上电缆油，以排除空隙，如果绕包的绝缘料是聚四氯乙烯带（四氟带），则绕包时应涂硅油。

3）橡塑绝缘电缆应先用半导电带在连接管处绕包两层，将导电部分包好后，再用绝缘带将凹凸处包绕平，然后从绕包范围的端部开始用半重叠法包绕，直至符合接头的设计要求。自黏带的层间隔离带不能在绕包前去除，只能边绕包边去除，要保证去除干净，不能有任何遗留。

4）绕包的拉力。无论何种绕包带绕包时，均应使绕包上的绝缘带平整、结实、松紧均匀、不起皱和不损伤，常用的拉力要求如下：

a. 纸绝缘电缆包绕玻璃丝带时，用力应恰当均匀，一般厚度为 1.17mm、宽度为 2mm 的沥青醇酸玻璃漆布带（俗称黑漆葛带）的拉力不应超过 20N。

当用四氟带时，拉力可稍大些。

b. 橡塑电缆用自黏性橡胶带绕包时，应依照各种带材的绕包说明拉伸 75%~200%后再绕上去，使其层间产生足够的黏合力，并消除层间气隙。

7. 搪铅

对于金属护套的电缆或电缆附件，一般采用搪铅的方法实现密封，防止电缆或电缆附件进水、受潮。

（1）搪铅所需工具和材料。

1）硬脂酸。这是一种化工产品，在接头密封时用作消除密封部位的污物和氧化膜，并使该部位迅速冷却。

2）封铅条。它是一种合金，目前有多种配制方法，最简单和常用的配制为纯铅、锡的合金。

3）抹布。这是一种自制的电缆施工专用工具，在搪铅操作时，作隔热、抹平和抹光封焊部分用，市场上无专售店。自行制作的方法是用棉的卡其布，根据封焊部位的大小，将布按左右和上下各4~8次折叠，折成略大于封焊部位的方形，布料毛边应折在内部，用线缝几处固定以防止散开，然后放入100℃左右的羊脂等混合油（或电缆油）中浸渍透即可使用。浸渍时需注意切不可使棉布损伤，否则就无法使用。

4）汽油喷灯或液化气喷枪。

（2）铅封条的配制。铅包电缆传统的密封方法是搪铅，搪铅所用的材料是铅焊料。铅焊料的选择，一方面要使封焊后保持原有电缆铅包的密封性能及机械强度；另一方面，又要在封焊过程中不会因温度过高而烧坏该处的绝缘。一般采用适当配比的铅锡合金来满足这个要求。

熔点较低的金属有锡、铅、铋，其熔点分别为232、327℃和271℃。铅焊料如果选用同电缆内护层相同的纯铅材料，则熔点太高，而且它在常温下为固体，高温时即变为液体，无法形成介于固体与液体之间的糨糊状半凝固状态，不便于施工。在铅中加入适量的锡可以降低熔点，便于封焊。用这种低熔点的铅锡合金作铅焊料，封铅后焊料分子不深入铅包内部，仅在铅包表面粗糙处相结合，其机械强度和密封性能已能满足要求。

用65%的铅和35%的锡配制成的封铅焊料在185~250℃之间呈糨糊状

态。经验证明，该焊料的配比是适宜于封铅操作的最佳配比。如果含锡量减少，则不容易揩搪，但如果含锡量过高，虽然揩搪容易，但焊料呈糨糊状的温度范围缩小，可揩搪时间缩短，也不容易操作。

配制铅焊料时，先按质量比准备好铅锡两种金属。因为铅的熔点为327℃，比锡的熔点高，故先将铅放在铅缸内加热使它全部熔化，然后将锡投入。待锡全部熔化后，将温度维持在260℃左右。这时，为防止铅、锡表面氧化及升华物影响工作人员健康，可在表面盖一层稻草灰。为试探温度是否适宜，可将一张白纸放于铅缸内，若过1~2s后纸表面略被熏黄，则说明温度适合；若纸被熏焦，则说明温度过高。温度过高，合金液体表面层容易同空气中的氧起反应，一般锡总是浮于表面，这样就在表面生成大量氧化锡，使锡的含量相对减少，影响配比的正确性。在熔化后恒温时，必须用勺子搅拌均匀，然后用勺子将铅锡材料舀到特制的模具内，浇成长条状的铅焊料。一般铅焊料长为700mm，重约2kg。

在配制铅焊料的过程中，应注意以下四点：

1）锡在加入液体铅中之前，必须烘热去潮。

2）凡触及铅锡液体的物件，如搅拌棒、舀勺和浇铸模具等，都必须干燥，否则当水遇到液态铅锡时，会突然汽化，引起铅锡向四处飞溅，以致烫伤周围人员。

3）在浇铸过程中必须经常搅拌，使铅锡均匀混合，以免铅锡分层。

4）工作人员应戴手套及防护眼镜，穿护脚罩、长袖上衣和长裤。

（3）铅包电缆搪铅。铅包电缆搪铅的操作方法常用的有两种，即触铅法和浇铅法。搪铅前应用刮刀将需搪铅部位刮净，并用喷灯加热后擦硬脂酸除去铅皮表面脏物，然后再进行搪铅。

触铅法搪铅时，以喷灯或喷枪加热搪铅部位，同时加热铅焊料，此时不停地将铅焊料在封铅部位来回摩擦，使封铅部位粘牢一层铅焊料。然后继续用喷灯或喷枪加热铅焊料，使其均匀地滴粘在需封铅的部位。当堆积了足够量的铅焊料以后，在用喷灯或喷枪将堆积的铅焊料加热成糊状的同时，用硬脂酸浸渍过的抹布迅速进行揩搪，将封铅揩搪加工成所要求的形状和大小。为保证密封良好，封铅分两层进行，先将堆积的焊料揩搪成型，再堆积适当的焊料揩搪。这样做的目的是防止一次堆积焊料太多，不易将全部焊料同时加热成糊状进行揩搪，以防内部易形成空隙而影响密封效果。在整个操作过程中，掌握适合的加热温度是至关重要的，否则，不是将电缆铅包或接头铅套烤化，就是堆积焊料未烤透而形成内部空隙。操作人员只有通过长时间反复训练，才能达到熟练的程度。为了保证电缆绝缘层不损坏，要求从电缆加热开始至密封完成的全部时间不得超过 15min。

浇铅法是将熔化的焊料浇到搪铅部位。操作时，将铅焊料盛在特制的铅缸中，置于炉子上加热，使其呈液态。温度不宜过高，可用白纸插入铅缸试验，取出后纸呈焦黄色为宜。在预热和清洁好的封焊部位处，一手拿一块大的抹布托在下面，另一手用铁勺取熔化的封铅逐渐浇在封焊部位，此时必须边浇边用抹布揩抹，使封铅均匀分布在封焊部位周围成型。

浇铅法的优点是成型速度快，黏合紧密而牢固。与触铅法相比，浇铅法只需在浇铅后用喷灯加热搪焊，缩短了喷灯烘烤时间，有利于避免绝缘因加热时间过长而烤坏。

搪铅后表面要光滑，仔细检查应无砂眼，同时应有一定的厚度，一般应超过铅套与电缆铅包接触处 30~40mm。

必须注意，在封铅时或封铅尚未冷却时，严禁扭动电缆和缆芯。

（4）铝包电缆的搪铅。由于铅焊料不能直接搪在铝包表面，必须先在铝包表面加一层焊接底料。常用的焊接底料以锌、锡为主要成分。锌能与铝形成表面共晶合金，而锡能使焊接底料熔点降低，流动性较好。通常铝包电缆封铅用的焊接底料为锌锡合金底料。在铝包上镀粘焊接底料的方法有两种：摩擦法和化学法。

摩擦法是在加热涂锌锡焊料时，借助于钢丝刷的机械摩擦除去铝包表面的氧化膜，使锌锡焊料黏附在铝包的表面，然后再用触铅法搪铅。化学法是应用多种含锌、锡、银等金属的无机盐溶剂，在温度达 250℃ 左右时，溶剂的分解物与氧化铝起化学反应，除去氧化铝膜。在化学反应的同时，由于溶剂与纯铝的反应和金属的沉淀作用，在已经除去氧化铝膜的表面上，镀上了一层锌锡合金镀层，接着能比较顺利地在铝包表面加上一层焊接底料。然后仍用触铅法搪铅。

铝包电缆焊接底料种类很多，其成分大部分是锡，约90%左右，其次是锌，约10%。化学法所用的反应溶剂常用的有三种配方。常用焊接溶剂配方组成和还原温度见表3-3。

表3-3　　　　　常用焊接溶剂的配方组成和还原温度

溶剂代号	组分含量（%）						还原温度（℃）
	氯化锌	氯化亚锡	氯化钠	溴化铵	氯化银	氯化铵	
1	55	28	2	15	2	18	237
2	38	40	2	15	0	0	265
3	28	42	2	0	0	0	258

化学法的操作工艺步骤如下：

1）清除铝包表面的油污，用钢丝刷沿纵向将铝护套表面刷亮。

2）用喷灯沿护套表面均匀加热约1~2min，使铝护套表面温度为145~600℃。将反应溶剂涂在铝包表面，此时反应溶剂融成淡黄色胶水状，并均匀流布于铝护套表面。

3）用喷灯继续加热铝护套，此时反应溶剂起化学反应，起泡并冒出白烟。继续加热，直至铝护套表面出现一层像白纸灰烬一样灰白色的均匀分布的残渣。移去喷灯，用干净抹布或棉纱擦去残渣。此时铝包表面即露出一层光亮的很薄的锌锡镀层。

4）在锌锡镀层上再涂一层锌锡底料，然后用触铅法搪铅。

铝包电缆在用化学法镀锌锡层时，必须使搪铅段的铝护套全部镀上，铝护套上不应出现没有镀上锌锡镀层的斑迹。若有斑迹，按照上述方法再进行处理，直至全部镀上。

铝包电缆搪铅后，应检查铅与铝包交界处是否光滑，封焊中留存的残渣和毛刺一定要清除。由于焊接底料与铝包之间存在一定的电极电位差，而铝本身又是活泼金属，为防止铝护套产生电化学腐蚀，必须对铝护套加以密封性能良好的防水护层。防水护层一般是绕包环氧玻璃丝带并涂抹环氧树脂涂料，边绕包无碱玻璃丝带边涂刷环氧涂料，绕包2~3层即可。

8. 冷缩/热缩套管安装

冷缩电缆附件和热缩电缆附件在材料、加工工艺、安装工艺和使用条件等方面存在显著差异。冷缩电缆附件主要采用硅橡胶材料，这种材料具有好的电气绝缘性能、耐老化和抗污性能。热缩电缆附件则采用 PE 材料，经过配方和辐照加工形成，具有"记忆"效应。

（1）热缩。

1）热收缩管和热溶胶。热收缩管是一种遇热后能均匀收缩的管材，热收缩管是在外力作用下扩张成型后强制冷却而成的，当再次加热到 120~140℃时，又会恢复到原来的尺寸，因而具有弹性记忆效应。热收缩法就是将这种管材套于预定的黏合密封部位，并在黏合部位的两端涂上热溶胶。当加热到上述温度后，热收缩管即收缩，热溶胶同时也溶化，待自然冷却后即形成一道良好的密封层。热溶胶在此起填充和黏结作用。

2）加热工具。加热工具一般采用液化气喷枪或喷灯，也可用焊枪式丙烷火焰环形电炉喷灯或大功率工业用电吹风机加热。

3）热缩方法和要求。不论使用何种加热工具，一定要控制好火焰或温度，不能过大，操作时，出热口或火焰需朝向收缩的方向，起到对将要收缩部分的预热作用。要不停地晃动火源，不可对准一个位置长时间加热，并保持足够的距离，以免烫伤热收缩部件。喷出的火焰应该是充分燃烧的，不可带有烟，以免碳粒子吸附在热收缩部件表面，影响其性能。在收缩管材时，一般要求从中间开始向两端或从一端向另一端收缩，以利于管内残留空气的排出，沿圆周方向均匀加热，缓慢推进，以避免收缩后的管材沿圆周方向出现厚薄不均匀。分支手套应尽量套至根部，加热时由指套根部往两端加热收缩固定，待收缩完全后，端部应有少量热溶胶挤出为好，分支手套表面应无褶皱或过火痕迹。

（2）冷缩。

1）冷收缩管。冷缩管是在常温下用专业设备扩张至规定尺寸，并用骨架支撑；抽掉骨架后，管材自行收缩到预定尺寸。

2）安装方法和要求。在安装前，对硅脂、硅油等绝缘润滑剂进行检查，确保无污染、无受潮，符合供应商工艺及标准规定要求。电缆绝缘应保持干燥和清洁，施工过程中应避免损伤电缆绝缘，清除处理后的电缆绝缘表面上所有半导电材料的痕迹。在套入冷缩橡胶绝缘件或组合预制橡胶绝缘件之前应清洁黏在电缆绝缘表面上的灰尘或其他任何残留物，清洁方向应分别为绝缘层朝向绝缘屏蔽层和绝缘层朝向导体。涂抹硅脂或硅油等绝缘润滑剂时，应使用清洁的专用手套。

安装冷缩套管时还应满足下列要求：

a. 应严格遵照安装说明书规定，将冷缩部件套到预定的位置后，再抽出支撑条。抽出支撑条时，应避免与电缆接触，且用力要均匀，防止折断。

b. 要确保冷缩预制应力锥半导电层（或应力控制部件）与电缆绝缘半导电屏蔽层搭接尺寸符合工艺要求，且有良好的电气接触。

c. 对于三芯电缆，将冷收缩中间接头预制件套在剥切较长的一端电缆线芯上时，塑料螺旋条的抽头应朝向该端电缆芯分叉处。

d. 安装三支密封套时，应尽量将密封套套至电缆根部，先分别抽掉三芯指套的塑料支撑条，然后抽掉根部的塑料支撑条，使其自然收缩。

9. 登高作业

按照有关规程规定，凡在坠落高度基准面 2m 及以上有可能坠落的地点进行工作，均应视作登高作业，必须采取防止坠落的安全措施。凡能在地面上预先做好的工作，都必须在地面上预先做好，以尽量减少登高作业。在电缆的施工、运行和检修中，登杆作业、终端平台上工作都属于登高作业，上下电缆工作井也可划为登高作业的范围。

（1）登杆作业。电缆线路在使用中往往需与架空线路进行连接，于是电缆终端经常需安装在电杆上，这就要求电缆工掌握登杆的技能。一般用脚扣登杆和三脚板登杆。

1）登杆前，应先检查杆根是否牢固，检查安全带、脚扣、升降（三脚）板和梯子等登杆工具是否完整牢靠，并试登试拉。

2）登杆作业必须使用安全带和戴安全帽，安全带应系在电杆或其他牢固的构件上，系好安全带应检查扣环是否扣牢。在杆上工作应使用安全带和保险绳双重保护。上、下杆过程中必须使用安全带或保险绳，杆上移动时应不少于一重保护。

3）登杆用的梯子，顶部应扎围绳，根部应绑扎橡胶套（或橡胶布），在竹（木）梯子的顶部、中部、根部横挡应用铁丝绑扎加固。上、下梯子应有人扶持或将梯子绑牢。

4）上、下杆过程中不得攀拉电缆，在杆上工作不得站靠在电缆终端套管上。

5）登高工具应按表3-4的规定进行定期检查和试验。

表3-4　　　　　　登高工具定期检查和试验标准

名称		试验周期（月）	外表检查周期（月）	试验时间（min）	试验静拉力（荷重，N）
安全带	围杆带	12	1	5	2205
	围腰带	12	1	5	1470
安全腰绳		12	1	5	2205
升降（三脚）板		6	1	5	2205
脚扣		12	1	5	1176
竹（木）梯		6	1	5	1765

（2）终端平台作业。

1）一般用脚手架搭设终端平台，脚手架要与周围的建筑物连接牢固，如果没有建筑物，四面要做支撑架。

2）踏板宜用木板，木板两端与脚手架绑扎牢固。

3）终端平台要做可靠的电气接地。

4）在终端平台上工作时应系好安全带。

10. 接地线焊接

电缆的接地线一般采用一根或数根镀锡铜编织带，保证接地线的总截面积不小于所用电缆要求的截面积。接地线的焊接主要包括在铜屏蔽带上焊接、在钢带铠装上焊接、在铅护套上焊接、在铝护套上焊接。不论哪种焊接，都要做到焊接时间尽量短，以免损伤电缆或附件内部绝缘。

（1）在铜屏蔽带或钢带铠装上焊接。

1）用砂布或钢丝刷清除焊接部位的氧化层。

2）将镀锡铜编织带均匀分布在铜带或钢带上，用ϕ4mm的镀锡铜线缠绕3圈，将它们牢固地捆绑到一起并扎牢线头，去掉多余的铜线，留下部分向下弯曲。

3) 用电烙铁加热焊锡丝将它们紧密地焊接到一起。

(2) 在铅护套上焊接。

1) 用钢丝刷清除焊接部位的氧化层。

2) 将镀锡铜编织带集中顺着电缆排好贴在铅护套上,用 $\phi 4mm$ 的镀锡铜线将镀锡铜编织带捆绑到金属护套上,去掉多余的铜线,留下部分向下弯曲。

3) 敲平并涂上焊药,用喷枪或喷灯和焊锡进行焊接,焊点不宜太高,但接触面要足够大,一般为长 15~20mm,宽 20mm。

(3) 在铝护套上焊接。在铝护套上焊接接地线时,需先用摩擦法在铝包上涂焊一层焊接底料,然后即可用焊锡焊接。

(4) 零序电流互感器与接地线的配合。在中性点不接地系统中,电缆出线往往需装设零序电流互感器,配合灵敏的接地继电器作为选择性的接地保护。为了防止由于电缆金属护套和铠装层中流动的杂散电流引起继电器的误动,必须正确穿设接地线,并将电缆置于零序电流互感器的中央。当零序电流互感器安装在地线焊接点上方时,接地线不需穿过零序电流互感器,当零序电流互感器在地线焊接点下方时,接地线必须穿过零序电流互感器以后再接地,在零序电流互感器以上的接地线必须对地绝缘,这种情况下的接地线最好有外绝缘层,如图 3-27 所示。

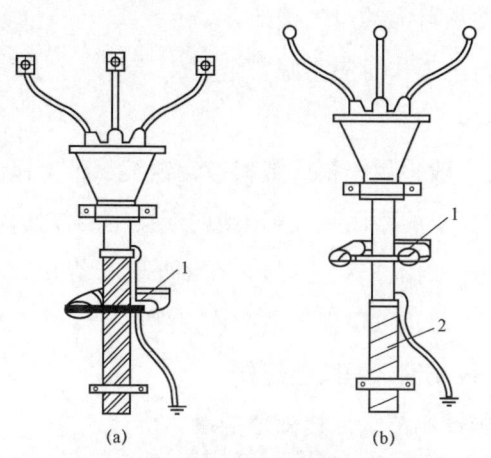

图 3-27 零序电流互感器的安装

(a) 零序电流互感器在地线焊接点下方;(b) 零序电流互感器在地线焊接点上方

1—零序电流互感器;2—铠装层

11. 电缆加热

冬季气温低，油浸纸绝缘电缆由于油的黏度增大、滑动性降低，使电缆变硬；塑料电缆在低温下也将变硬、变脆。因此在低温下敷设电缆时，电缆的纸绝缘或塑料绝缘容易受到损伤。所以在冬季进行电缆敷设前，应采取措施将电缆预热。

电缆加热的方法有两种，一种是用提高周围空气温度的方法，即将电缆放在有暖气的室内（或装有防火电炉的帐篷里），使室内温度提高，以加热电缆。这种方法需要的时间较长，室内温度为 5~10℃时，需要 72h；室内温度为 25℃时，需要 24~36h。另一种方法是用电流加热法，即用电流通过电缆导体来加热。加热电流不能大于电缆的额定电流。电流加热法所用的设备一般是小容量的三相低压变压器，或交流电焊机，高压侧额定电压为 380V，低压侧能提供加热电缆所需的电流。加热时，将电缆一端三相导体短接，另一端接至变压器低压侧。电源部分应有可以调节电压的装置和适当的保护设施，以防电缆过载而损坏。

如果施工现场具备条件，最好在施工现场加热。首先把电缆盘架设在放线架上，并把电缆盘外面的护板拆除，以便加热后立即敷设。还可以在仓库或合适的特定场所加热，加热后再运到施工现场。因为需要二次运输，在这种情况下，不允许完全或大量拆除护板，但可以拆下少量护板，以利于热量传输和加热，在电缆运输前再把护板上好。

加热后电缆表面的温度应根据各地的气候条件来决定，但不得低于 5℃。电缆加热后应尽快敷设，放置时间不宜超过 1h。

第三节　电缆线路绝缘摇测及核相

1. 绝缘电阻表（也称摇表）

绝缘电阻表是用来测量电缆或电气设备绝缘电阻的，有高阻计、手动指针式和电动数字式三种。

（1）性能结构。

1）每种绝缘电阻表的输出电压是一定的，有 100、500、1000、2500、

5000V 共 6 种，以供不同电压等级的电缆测量用（数字绝缘电阻表有 10000V 等级的）。

2）手动绝缘电阻表的转速为 120r/min。

（2）使用方法和保养的注意事项。

1）绝缘电阻表上共有 E（或地）、L（或火）、G（或屏蔽）的三个测量用引出端子，一般情况下，用 E 接电缆的接地部分，L 接线芯。当电缆的终端污染严重影响测量时，应采用屏蔽进行测量，即在两终端的被测相绝缘瓷套管的上端加一金属环，并使金属环和 G 端连接，这样就可使绝缘套管上的漏电电流不经过绝缘电阻表表计，从而使测量正确。绝缘电阻表在测量接线时必须注意：E 引线必须接电缆的接地部分，测量的值才较正确。

2）使用前必须先检验绝缘电阻表是否良好，然后再使用。检验的方法为当启动绝缘电阻表后，L 和 E 分开时表计指示应是"∞"，L 和 E 直接相连时表计指示应为"0"。

3）不同电压等级的电缆，为使测量结果较能反映电缆绝缘性能，应采用相应输出电压的绝缘电阻表，例如摇测 1kV 及以下低压电缆，应选用 500V 或 1000V 的绝缘电阻表；摇测 10kV 及以上电缆，应选用 2500V 或 5000V 的绝缘电阻表。

4）由于绝缘电阻表的输出电压较高，对人体有一定的危害，故测量用的表上引线应保持具有良好的绝缘性能，并在使用时应戴绝缘手套，在测量进行时应有专人监护电缆线路的两端，不让非测量人员接触电缆线路的端头，以防触电。

5）测量时被测电缆不允许带电，故测量前必须切断电源、放尽剩余电荷。由此应特别注意：在测量时若接线中断后也应同样认真处理，切不可因间隔时间极短而马上接上，这样容易损坏绝缘电阻表。测量完成后，应先从电缆上移开"L"线，再停止摇动绝缘电阻表，防止电缆中储存的电压反向击坏绝缘电阻表。

6）绝缘电阻表携带或使用时，应避免较大的振动和撞击。

7）由于绝缘电阻表使用时，内部电压较高，则需要保持其高的绝缘性能，故保管时应放置在干燥的地方，避免因受潮而降低绝缘性能。

8）绝缘电阻表是一种计量仪器，故必须定期送专业检验部门做检验，以保证测量的正确性。

2. 接地电阻表（也称接地摇表）

接地电阻表是测量接地线和接地极对地电阻的一种测量仪表。以下以ZC29型为例进行说明。

（1）性能参数。

1）测量时的转速为150r/min。

2）测量的阻值范围在0～100Ω，分"×0.1""×1""×10"三个量程。

（2）使用方法和保养的注意事项。

1）接地电阻表内部有检流器，因此在携带使用时更需注意防振，必须放置在有避振的箱内。

2）接地电阻表的测量引出端有四个，两个E用导线连接在一起，当测量小于1Ω的接地电阻时，应打开两个E的连板并分别和被测接地体连接，E、P、C的引出线应接至接地体上三个相距20m的部位上，并必须使P端与接地体的连接位置在E和C端与接地体连接位置的中间。

3）摇测时，在初测时应慢些摇，当检流器接近平衡时，方可加快到150r/min的转速，否则检流器会受损、影响准确度，甚至损坏。

4）当检流器的灵敏度过高时，探棒可插得浅一些，当检流器的灵敏度过低时，可沿两根探棒注水使其湿润。

5）新投运电缆线路接地电阻一般要求应小于4Ω，运行电缆线路接地电阻一般要求应小于10Ω，超出时应认真分析原因后确认。

6）电阻表不使用时，应注意放置于干燥处。

7）接地电阻表是有一定精度的仪器，必须按规定送专业部门进行定期校验和维护，方能保证测量的正确性。

3. 电力电缆核相

电力系统是三相供电系统，相与相之间有一个固定的、120º相位差。当两个或两个以上电网并列运行时，其电网的相位必须相同，否则无法并列运行，严重的甚至会损坏发电、供电设备。电缆线路作为电力网络的一部分，其作用是将电网中两个部分的电气设备连接起来。因此，要求电缆线路连接的两端设备的相位必须相同。由于电缆线路的相位大多无法用直接观察的方法得到，只能用仪器来进行判断，因此就产生了电缆核相工作。这项工作必须在电缆线路投入运行、连接两个系统或电气设备前完成，以确保相位正确的将电缆线路和电气设备连接好。因此，电缆施工人员必须掌握电缆的核相方法。

（1）核相的作用、原理。

1）核相的作用。电缆线路核相是使电缆线路每相线芯两端连接的电气设备相位相同，符合电气设备的相位排列要求。

2）核相原理。电缆线路核相的原理就是通过专用仪器或仪表，在符合两端电气设备的相位排列情况下，认定电缆线路的每相线芯两端所连接的电气设备是同相的。

3）相位不同产生的危害。在电缆线路安装或检修完毕后应及时与电力系统接通，方能发挥作用。然而在线路接入系统后，若连接的电力设备相位与电力系统上的相位不符，或连接的两个电网相位不同，会产生严重结果。

a. 电缆线路联络两个电源相位不符时，合上开关会立即跳闸，也即无法合环运行。例如，各变电站、开关站和大多电力客户均有两个或两个以上电源进线，形成双母线或多母线供电，若各电源母线相位不同，则各母线不能并网供电。当一段母线进线出现故障后，另外一段母线不能通过母联断路器给故障段母线及馈电线路送电。

b. 作为馈电电缆线路给电力客户供电而相位有两相接错时，会使电力客户的电动机倒转。当三相全部接错时，虽不致使电动机倒转，但对有双路电源的用户则无法并用双电源；对只有一个电源的用户，则当其申请备用电源后，会产生无法作备用的后果。特别是对有电梯、给水泵等电机类电力客户供电时，应特别注意核对电缆相位。

c. 由电缆线路送电到变电站或电力客户变压器时，会使低压电网无法合环并列运行。

d. 双并或多并电缆线路中有一条接错相位时，如果在做直流耐压试验时没有发现，则会产生相间短路、合不上断路器的故障。

由此可见，电缆线路在投入运行前及制作接头时，必须核对其两端的相位对应情况，使其符合两端电力系统设备的相位。

（2）不带电核相。电缆敷设完毕在制作电缆终端头前以及电缆线路检修完毕后，应及时进行相位核对，相位正确后方可投入运行。这项工作对于单个用电设备关系不大，但对于输电网络、双电源或多电源系统和有备用电源的重要用户，以及有并联的电缆运行系统有重要意义，是保证电网安全运行、电力客户可靠用电的重要环节。核对相位的方法很多，但目前比较通用又方便的方法是直流电压表法和绝缘电阻表法。

1）直流电压表法。

a. 原理。直流电压表法是将直流电源和电压表分别置于电缆线路的两侧，利用在直流电压的作用下，电压表的指针产生定向偏转的原理来判断电缆线路两端相位。这种方法简便易学，而且判别准确。直流电压表法的直流电源一般采用干电池串联的方式获得。直流电压表法原理图如图3-28所示。

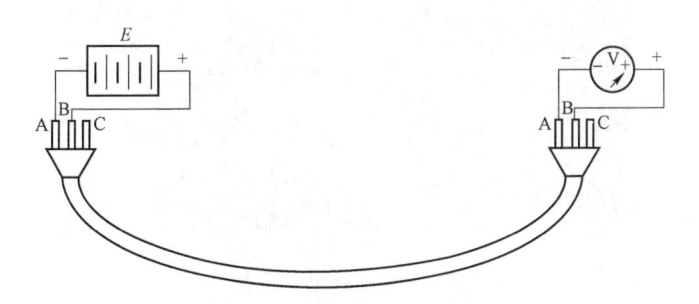

图3-28 直流电压表法原理图

b. 操作方法。直流电压表法设备和检测方法均比较简单。在电缆的一端任意两个导电线芯间插入一个用干电池串联的低压直流电源。假定接正极的导电线芯为A相，接负极的导电线芯为B相。在电缆的另一端用直流电压表的相应挡位测量任意两个导电线芯。如有相应的直流电压指示，则接电压表正极的导电线芯为A相，接电压表负极的导电线芯为B相，第三芯为C相。

若电压表没有指示，说明电压表所接的两个导电线芯中，有一个导电线芯为C相，此时可任意将一个导电线芯接到电压表上进行测试，直到电压表有正确的指示为止。

采用零点位于中间的电压表更方便。如果电压表指示为正值，则接电压表正极的导电线芯为 A 相，接电压表负极的导电线芯为 B 相；如果电压表指示为负值，则接电压表正极的导电线芯为 B 相，接电压表负极的导电线芯为 A 相；第三芯为 C 相。

2）绝缘电阻表法。如图 3-29 所示，绝缘电阻表法是通过测量电缆各相对地的绝缘情况来辨别电缆相位的，其操作方法是将已经确定相位的电缆端的一芯（相），与电缆金属护层或金属屏蔽层连接，利用绝缘电阻表测量电缆线路另外一端，其中有两相绝缘电阻为"∞"，绝缘电阻为"0"的芯（相）即为与金属层连接的相。绝缘电阻表法原理图如图 3-30 所示。

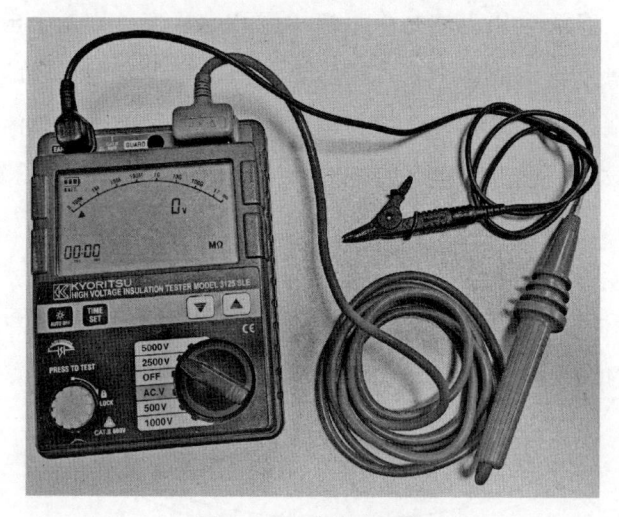

图 3-29 绝缘电阻表

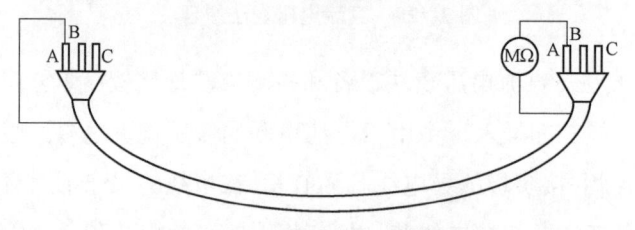

图 3-30 绝缘电阻表法原理图

3）其他方法。在以上两种方法原理的基础上，还可以在施工的过程中做进一步的推广和应用。例如，将直流电压表法中的直流电压表用万用表（如图 3-31 所示）的直流电压挡进行测量，产生了万用表法；将直流电压表换成带限流电阻的发光半导体二极管或小电珠（灯），通过观察其亮与不亮来判断相位的发光半导体二极管法或小电珠（灯）法。

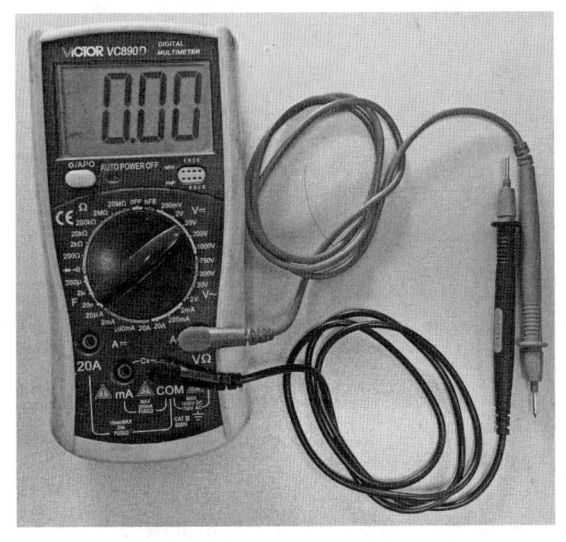

图 3-31　万用表

4）注意事项。

a. 电气设备不符合系统相位时应注意的事项。电缆线路所连接的电气设备的相位不符合系统规定排列时，应向设备所属部门查明不符合的原因，按下述原则处理。

a）若设备所示相位是系统相位时，即按目前设备的相位进行电缆核相。

b）若设备所示相位与系统无关时，应在施工现场认真确定设备所示相位对应是系统的什么相位，然后按设备所示的系统相位进行电缆核相。

c）当电气设备的相位不符合系统规定排列，原因不明时，不能擅自核定电缆的相位。

b. 接头核相时应注意事项。

a）两端相位或一端电缆终端相位未定时，接头线芯连接可不核相，直接按接头线芯的排列方式进行连接，在电缆线路的两端进行电缆核相。

b）两端相位已定，接头核相时，应在接头处以两端电缆的相位为准，向两边核相，然后同相连接。若此时同相连接线芯位置相差较大，影响加强绝缘绕包时，可采取调整终端的相位来达到电缆相位的要求，此时切不可忘记同时改正终端的相位，若终端的相位无法改变，则可在不影响电缆质量的一定范围内旋转电缆,以达到电缆线芯既同相连接,又不影响加强绝缘的目的,由于这个旋转的量不易控制,故应尽量避免采用这种做法。

c）两条及两条以上同型号、同截面平行电缆用作一条电缆线路,在进行电缆线路核相工作时,应逐条进行电缆核相。

（3）带电核相。在某些特殊的情况下,如用户有两个及两个以上电源,且并路运行时,必须使各电源的相位相同（即两段母线相位一致）,否则并路（即联络开关合上）会引起短路,所以一定要核对两路电源供电母线的相位一致,两路电源发、送电时或运行两路电源中一路故障接头修复后,要进行带电核相。

1）低压带电核相。

a. 原理。带电核相的基本原理是,两路电源同相间电压为零,不同相的电压为该电压等级的线电压。通过辨别电压表的数值,确定两电源相位的对应关系。

b. 低压核相方式。用户双电源各供一台变压器,可在低压侧核相,同相电压为零,相位错时则不为零。

用双瓷头试验变压器（或单相电压互感器）低压侧接电压表,方法同上,但电压表的选择应和变压器的变比适应。

在某些高压电缆线路需要核相时,若该线路终端安装有电压互感器（TV）,则可以在电压互感器（TV）二次侧核相。

在 10kV 系统中,有些开关柜厂家为了核相方便,在开关柜的表面安装了专用核相设备,用厂家提供的专用仪器可以进行核相,使用过程中请注意阅读使用说明。

c. 注意事项。在用交流电压表进行核相时,应注意以下四点：

a）必须正确选择电压表测量量程,测量线绝缘良好。

b）核相至少四人协作完成,其中两人持电压表表笔,一人读表、一人监护和统一指挥。

c）核相应由熟练工人站在绝缘垫上进行操作,操作时必须戴绝缘手套,人身、仪表及引线对带电体在任何情况下均不得小于安全距离标准。

d）核相时应先接到原电源上作为标准相位,后接被核电源,更换测量相时注意满足相间安全距离，核相完毕同时撤离带电体。

2）高压专用核相器核相。高压专用核相器及核相杆如图 3-32 所示。

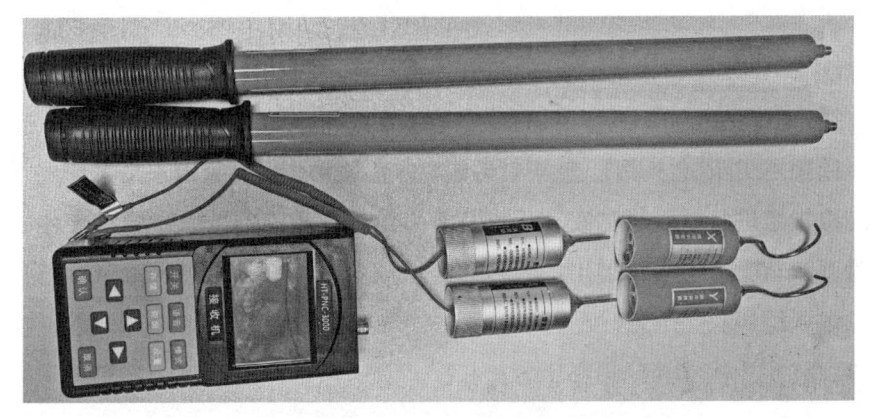

图 3-32 高压专用核相器及核相杆

a. 用专用核相杆带电核相的基本原理，核相杆的外绝缘和串联电阻的耐压等级均能承受被核的相电压，串联电阻是一相间负荷，其作用是防止短路、限制电流，其值按微安表量程来定，同相时无电流，不同相时有一定的电流。

b. 注意事项。

a）带电核相必须使用符合国家标准、在试验合格期限内的专用核相设备。

b）每次使用前必须认真检查核相器是否完好，没有脏污、损伤的现象，带电核相杆的电阻值符合标准要求。

c）带电核相至少四人协作完成，其中两人持杆，一人读表、一人监护和统一指挥。

d）带电核相时应先接到原高压电源上作为标准相位，后接被核高压电源，更换测量相时注意满足相间安全距离，核相完毕两杆同时撤离带电体。

e）若在同一开关柜中带电核相不能满足安全距离时应采取其他方法，不允许在不同一柜中带电核相。

f）带电核相过程中不得随意变动带电核相杆电阻值和绝缘杆长度，应保证电阻值和绝缘部分的有效长度，核相中不允许碰触和改动仪表接线。

g）操作人员应为熟练工人，操作时必须戴绝缘手套，人身、仪表及引线对带电体在任何情况下均不得小于安全距离标准。

h）室外带电核相遇有雨、雪、雾、雷天或 5 级以上大风时，应停止室外核相工作。

i）带电核相杆应妥善保管、禁止受潮。使用及运输过程中禁止磕、碰、压、摔，使用完毕后应装入帆布袋内，在通风干燥处存放。

j）如发现带电核相杆有异常现象应停止使用、认真检查。正常情况下每年应按规定进行试验。如发现核相杆有裂缝、高阻变黑或其他异常变化应进行检查，试验合格后再使用。

第四章

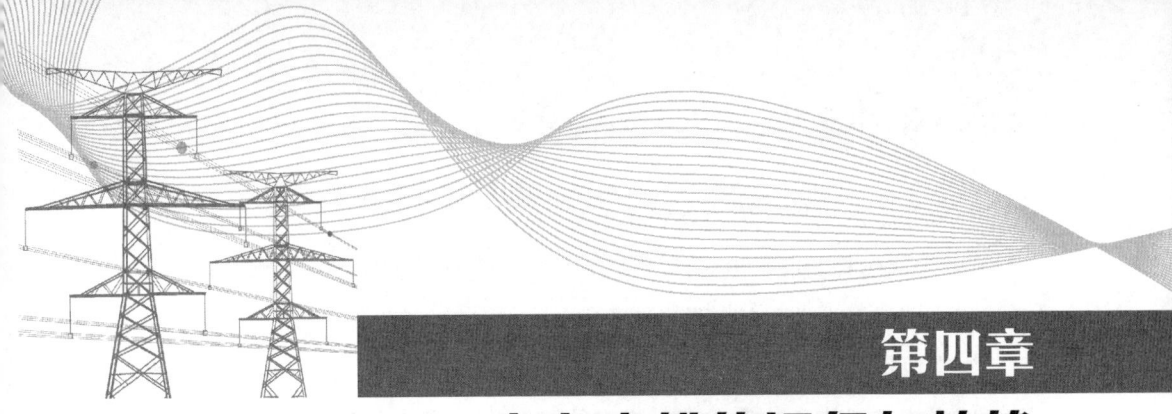

电力电缆的运行与检修

第一节 电力电缆线路的验收

做好电力电缆线路的运行和检修工作是电缆线路长期安全运行的保证。首先，要通过严格的电缆线路验收程序，对新投运电缆设备进行验收，从源头上杜绝设备带病进网运行；其次，要采取切实有效的手段维护电缆线路的安全稳定运行，同时要积极开展电缆线路的状态监测、状态检修工作，提高电缆线路可用率、降低维修试验成本；当电缆事故发生时，采取正确的故障处理和检修手段，尽快修复电缆，恢复送电，降低事故影响。

电缆线路工程属于隐蔽工程，因此，对电缆线路工程进行验收必须贯穿于施工全过程。电缆线路验收可大致分为中间过程验收和竣工验收。电缆线路工程在完成电缆线路的敷设、附件安装、交接试验等工作之后，必须由建设单位组织设计单位、监理单位、施工单位及运行单位等对施工完毕的电缆线路进行竣工验收。

为了确保电缆线路施工质量，杜绝电缆线路带病投入运行，电缆线路运行单位必须认真做好新建电缆线路的验收工作，严格按照验收标准进行中间过程验收和竣工验收。电缆线路只有在竣工验收合格后才能投入运行。

1. 电力电缆线路验收制度

对电缆线路工程进行验收，必须按照验收制度进行。

（1）验收的阶段。电缆线路工程验收，必须按照四个阶段进行组织：中间过程验收、自验收、预验收和竣工验收。

1）中间过程验收。电缆线路工程施工过程中，需要对电缆敷设、中间接头和终端以及接地系统等隐蔽工程进行中间过程验收。

施工单位的质量管理部门、监理单位和运行单位等参加中间过程验收，严格按照施工工艺和验收标准对施工过程中的关键工艺逐项进行验收。

施工单位的质量管理部门和运行单位对工程施工过程中的质量情况进行抽检，监理单位对工程施工过程中的质量情况全程检查。

2）自验收。电缆线路工程完工后，首先由施工单位自行组织对工程整体情况进行自验收。施工单位和监理单位共同参与进行自验收，初步查找工程中的不合理因素，并进行整改。施工单位完成整改后向本单位质量管理部门提交工程预验收申请。

3）预验收。施工单位的质量管理部门收到本单位施工部门的预验收申请后，组织本部门、施工部门及监理单位对工程整体情况进行预验收。预验收整改结束后，施工单位填写过程竣工报告，并向工程建设单位提交工程竣工验收申请。

4）竣工验收。建设单位收到施工单位提交的工程竣工验收申请后组织相关单位对整体工程进行竣工验收。竣工验收由建设单位、监理单位、施工单位、设计单位和运行单位等多方共同参与。

竣工验收时，各参与验收单位提出验收意见。部分需要整改的项目必须限期整改，由监理单位负责组织复验并做好整改记录。

工程竣工验收完成后一个月内，施工单位必须将工程资料整理齐全，送交监理单位和运行单位进行资料验收和归档。

（2）验收的记录。电缆线路工程按照中间过程验收、自验收、预验收和竣工验收四个阶段进行验收，每个阶段验收完成后必须填写阶段验收记录和整改记录，并签字认可、归档保存。

竣工验收完成后，建设单位、监理单位、施工单位、设计单位和运行单位必须在竣工验收鉴定书上签字盖章，工程才算最终完成。

2. 电力电缆线路验收项目

电缆线路工程一般可分为以下分部工程：电缆敷设、电缆中间接头、电

第四章 电力电缆的运行与检修

缆终端、接地系统、防过电压系统、竣工试验等。电缆线路工程验收按照分部工程项目逐一进行，对各个分部工程项目进行验收，通过具体分项工程验收实现。

（1）电缆敷设。此分部工程可分为以下分项工程：沟槽开挖、支架安装、电缆牵引、孔洞封堵、直埋、排管和隧道敷设、电缆固定、防火工程、分支箱安装等。

（2）电缆中间接头。此分部工程可分为以下分项工程：直通接头、绝缘接头、交叉互联箱和交叉互联线、接地箱和接地线等。

（3）电缆终端。此分部工程可分为以下分项工程：户外终端、变压器终端、GIS终端、接地箱、接地保护箱和接地线等。

（4）接地系统。此分部工程可分为以下分项工程：接地极、接地扁铁、交叉互联箱和交叉互联线、接地箱、接地保护箱和接地线等。

（5）防过电压系统。此分部工程可分为以下分项工程：避雷器、放电计数器、绝缘信号抽取箱、护层保护器、引线等。

（6）竣工试验。此分部工程可分为以下分项工程：主绝缘和外护套的绝缘测试（包括耐压试验和电阻测试）、电缆参数测试、交叉互联测试、护层保护器试验、接地电阻测试等。

3. 电力电缆线路敷设工程验收

电缆线路敷设方式有直埋敷设、电缆沟敷设、电缆隧道敷设、排管敷设和桥梁桥架敷设等。电缆线路敷设工程属于施工过程中间的隐蔽工程，应该在施工工程中进行验收。

（1）验收标准。

1）现行的国家和行业标准，以及各个公司自行规定的技术标准。

2）电力电缆工程的设计说明书和施工图。

3）电缆工程附属土建设施的质量检验和评定标准。

（2）验收一般要求。

1）电缆线路敷设应该按照已经批准的设计文件进行施工，不得随意更改线路走向和敷设位置，若根据现场情况确实需要变动，必须征得设计、技术和相关运行管理部门的同意。

2)电缆敷设前,应先检查电缆通道情况。敷设通道应畅通、无积水,敷设位置的金属部分应无锈蚀。

3)电缆敷设前应先进行外观检查,尤其是检查电缆的两端封头是否良好。若对两端封头情况存在疑虑,应进行潮气校验。

4)电缆的最小弯曲半径应符合设计要求和相关规定。

5)户外终端处电缆应在终端杆塔的底部留有适量余线,变电站内终端处电缆应在变电站夹层内留有适量余线。

6)除事故修理外,敷设电缆时如环境温度低于规定要求时,应将电缆预先加热。

7)电缆穿越变、配电站层面,均要用防火堵料封堵。

8)电缆穿入变、配电站及隧道等的所有孔洞口均要封堵密封,并能有效防水。

9)标志牌的字迹应清晰,不宜脱落,规格形式应统一,并能防腐。标志牌的挂装应牢固。

(3)电缆直埋敷设要求。

1)直埋电缆敷设后,在覆土前,必须及时通知测绘人员进行电缆及接头位置等的测绘。

2)自地面到电缆上面外皮的距离,10kV 为 0.7m;35kV 为 1m;穿越农地时分别为 1m 和 1.2m。

3)直埋的电缆周围应选择较好的土层或用黄沙填实,电缆上面应有 15cm 的土层,保护盖板应盖在电缆中心,不能倾斜,保护盖板覆盖宽度应超过电缆两侧各 50mm,保护盖板之间必须前后衔接,不能有间隙。

4)电缆之间以及与其他地下管线或建筑物之间的距离符合设计要求和相关规定。

(4)电缆排管敷设要求。

1)导管的内径一般为电缆外径的 1.2~1.5 倍。导管应由低能耗、高强度、无害的材料制成。

2)保护管的选择符合设计要求。应能满足使用条件所需的机械强度和耐久性,电缆保护管上下宜用混凝土层加强保护。

第四章　电力电缆的运行与检修

3）较长电缆排管敷设时，管道中工作井的留设位置应符合设计要求和相关规定。

（5）电缆隧道敷设要求。

1）固定电缆的支架其中心距离应符合设计要求和相关规定。

2）变、配电站的电缆夹层及隧道内的电缆两端和拐弯处，直线距离每隔100m处应挂有电缆标志牌，注明线路的名称、相位等。

3）隧道内并列敷设的电缆，其相互间的净距应符合要求。

4）相同电源关系的两路电缆不得并列敷设。相同电源关系的两路35kV电缆须分别敷设在隧道两侧。

5）单芯电缆的固定应符合设计要求。

6）隧道内敷设电缆，电缆应该按照电压等级从低到高的顺序在支架上由上而下分层布置。

7）隧道内敷设电缆，不能破坏隧道防水结构及隧道内其他附属设施。

8）电缆在隧道内敷设完成后，不得额外降低隧道容量，且不得影响运行人员正常通行，必要时可在三通井、四通井等处将电缆固定在隧道内顶板上，或进行有效的悬吊。

4. 电力电缆中间接头和终端工程验收

（1）验收标准。

1）现行的国家标准和行业标准，以及各个公司自行规定的技术标准。

2）工程的设计说明书和施工图。

3）电缆中间接头和终端的施工工艺说明书和图纸。

（2）验收一般要求。

1）电缆终端和中间接头的制作，应由经过培训的熟悉工艺的人员进行。

2）电缆终端及中间接头制作时，应严格遵守制作工艺规程。

3）安装电缆中间接头或终端头应在气候良好的条件下进行。应尽量避免在雨天、风雪天或湿度较大的环境下安装。空气相对湿度宜为70%及以下；当湿度大时，可提高环境温度或加热电缆。制作塑料绝缘电力电缆终端与中间接头时，应防止尘埃、杂物落入绝缘内。严禁在雾或雨中施工。

4）电缆线芯连接时，应除去线芯氧化层。压接模具与金具应配合恰当。

压缩比应符合要求。压接后应将端子或连接管上的凸痕修理光滑,不得残留毛刺。采用锡焊连接铜芯,应使用中性焊锡膏,不得烧伤绝缘。

5)电缆终端、中间接头均不应有渗漏现象。

6)电缆终端处应正确悬挂明显的相色标志,中间接头应有线路铭牌和相色牌。

7)同回路电缆三相接头之间的距离应满足设计要求。

8)电缆线路的中间接头要与相邻其他电缆线路的接头位置错开,接头之间错开至少 0.5m。

9)中间接头用托架固定牢固,托架固定满足设计要求。

10)中间接头硬固定满足设计要求,接头两侧和中间增加硬固定。

11)户外终端电气连接处涂抹导电膏、贴示温蜡片。

12)终端头及终端引出电缆的固定符合设计要求,固定牢固。各处螺栓紧压牢固。

13)GIS 侧终端护层保护器安装符合设计要求,固定牢固。

14)电缆终端引出线保持固定,在空气中其带电裸露部分之间以及带电部分与接地部分的距离符合相关规定。

5. 电缆线路附属设备验收

(1)电缆支架。

1)支架应焊接牢固,无显著变形,表面光滑、无毛刺,钢材应平直。支架尺寸大小符合设计要求,下料误差应在 5mm 范围内,切口应无卷边、毛刺。

2)支架安装垂直误差不应大于 5mm,水平误差不应大于 100mm。

3)金属电缆支架防腐工艺符合设计要求。防腐涂层的各项指标符合相关要求,保证运行 8 年内不出现严重腐蚀。

4)电缆支架应能满足所需的承载能力,支架横撑在能承载 1500N 平均恒定荷载的同时,在可能短暂上人时,应能承载 980N 的集中附加荷载。

5)在有坡度的隧道或建筑物内安装的电缆支架,应与隧道或建筑物底板垂直。

6)电缆支架全线均应有良好的接地,接地电阻符合设计要求。

(2) 防火设施。

1) 电缆防火措施符合设计要求。

2) 在电缆穿过竖井、墙壁、楼板或进入电气盘、柜的孔洞处，用防火堵料密实封堵。

3) 防火隔板、防火隔断以及防火槽盒等的安装符合设计要求。安装牢固，密封完好。

4) 对重要回路的电缆，可单独敷设于专门的沟道中或耐火封闭槽盒内，或对其施加防火涂料、防火包带。

5) 防火涂料涂刷位置、厚度和长度符合设计要求，涂刷均匀。防火包带应半搭盖缠绕，且应平整、无明显突起。在电力电缆中间接头两侧及相邻电缆 2～3m 长的区段施加防火涂料或防火包带。

(3) 接地系统。

1) 电缆线路接地方式符合设计要求。

2) 护层保护器的型号符合设计要求，安装牢固、引线合理。

3) 交叉互联箱、接地箱和接地保护箱。

a. 交叉互联箱、接地箱和接地保护箱型号选择正确，符合设计要求。

b. 电缆线路的交叉互联箱和接地箱箱体本体及其进线孔不得选用铁磁材料，箱体和进线孔密封良好，满足长期浸泡要求。

c. 箱体固定位置符合设计要求，固定牢固可靠，隧道内安装时不影响隧道容量和人员正常通行。

d. 全线交叉互联连接方式正确。

e. 箱体内金属连板相互连接处压接紧密。

4) 交叉互联线和接地线。

a. 交叉互联线和接地线型号选择正确，符合设计要求。

b. 交叉互联线和接地线应尽可能短，宜在 5m 内。

c. 交叉互联线和接地线满足最小弯曲半径要求。

d. 交叉互联线和接地线排列有序、固定牢固。

e. 交叉互联线和接地线不允许被支架或其他构件挤压。

f. 地线不得连接在可拆卸的接地体上，且接地电阻符合相关规程要求。

5）回流线。

a. 回流线型号选择正确，符合设计要求。

b. 回流线敷设位置和固定方式符合设计要求。

（4）防过电压系统。

1）避雷器外观无异常，干净、无污秽。

2）避雷器、计数器和信号抽取箱安装位置符合设计要求。计数器安装角度合适。

3）避雷器、计数器和信号抽取箱各处连接线压接牢固。

4）计数器、信号抽取箱的引线安装固定符合设计要求。

（5）光纤测温系统。

1）测温光纤敷设安装符合设计要求。测温光纤与电缆外护套接触紧密，接头处圆周缠绕；每隔 500m 预留 50m 光纤环，光纤环放置在高压电缆上，不得挂在支架上；测温光纤固定间隔不大于 0.5m。

2）每隔 500m 在测温光纤上装设标签，标注起点、终点、距离。

3）测温光纤全线贯通，单点损耗小于 0.02dB。

4）系统温度精度符合设计要求。

5）系统温度报警功能符合设计要求和相关技术协议。

（6）电缆线路竣工资料验收。

1）竣工资料内容。为便于将来对电缆线路的运行、维护和检修，在电缆线路竣工验收时，施工单位应该向运行单位提供工程竣工资料，具体包括以下施工文件、技术文件和资料：

a. 直埋电缆线路路径的协议文件。

b. 设计资料图纸、电缆清册、变更设计的证明文件和竣工图。

c. 电缆施工组织设计、作业指导书等施工指导性文件。

d. 电缆施工批准文件、施工合同、设计书、设计变更、工程协议文件、工程预算等工程施工依据性文件。

e. 竣工后的电缆敷设竣工图，比例宜为 1:500。地下管线密集的地段不应小于 1:100，在管线稀少、地形简单的地段可为 1:1000；平行敷设的电缆线路，宜合用一张图纸。图上必须标明各线路的相对位置，并有标明地下管线的剖面图。

f. 制造厂提供的产品说明书、试验记录、合格证件及安装图纸等技术文件和保证资料，特殊电缆还应附必要的技术文件。

g. 隐蔽工程的技术记录。电缆敷设报表、接头报表、护层绝缘测试表、充油电缆油样试验报告等施工过程性文件。

h. 电缆线路的原始记录。包括电缆的型号、规格及其实际敷设总长度及分段长度，电缆终端和接头的型式及安装日期，以及电缆终端和接头中填充的绝缘材料名称、型号及安装日期等。

i. 试验记录。包括电缆线路绝缘电阻、主绝缘交流耐压、外护套直流耐压、电缆参数测量、充油电缆油样试验、护层保护器阀片性能等电气试验记录。

j. 电缆工程总结说明书、竣工验收证明书。

2）竣工资料要求。

a. 竣工资料要求整理有序，装订成册。

b. 竣工资料需经过监理单位和运行单位审核后，由运行单位归档保存。

c. 竣工资料移交时间应符合相关规定。

6. 电缆线路试运行过程中的验收检查

新建电缆线路必须经竣工验收合格后才能投入运行。电缆线路投入运行后一年内，为电缆线路试运行阶段。试运行过程中，对线路进行的测温、测负荷、测接地电流工作、渗漏油检查等是竣工验收工作的必要补充。

电缆线路在试运行阶段内发现的由施工质量引发的缺陷、故障等问题，由原施工单位负责处理。

（1）测温检查。新建电缆线路电气连接部分接触不良时，局部会发热。同时，电缆线路局部存在缺陷时，会有局部放电产生，由此引起电缆局部温度升高。

电缆线路投运后，通过检测各部位的温度情况，进一步判断电缆工程施工质量。

（2）单芯电缆金属护套接地电流测量。通过测量单芯电缆金属护套接地电流，判断电缆护套绝缘是否存在损伤、电缆接地系统连接是否正确。

（3）漏油检查。电缆线路投运后，需要检查电缆终端、中间接头等的渗漏油情况，对于存在油迹的现象，需要进一步判明属于施工残油还是渗漏油。

第二节　电缆线路状态检修

出于对电力电缆供电可靠性的要求，一直以来采用定期进行主绝缘和交叉互联系统的预防性试验以及测温测负荷的方法对电缆的运行状况进行检查。通过将上述检查结果与规程中的标准值进行比较，若是超标则制订维修计划，安排对设备进行停电检修，这种从预防性试验到检修的维护方式称为计划检修。

计划检修在防止设备事故的发生，保证供电安全可靠性方面起到很好的作用。但从经济角度和技术角度来说，计划检修都有一定的局限性。例如定期试验和检修造成了很大的直接和间接经济浪费，据统计在定期检查和维修中，仅有60%的花费是该花的，此外，在不同于设备运行条件的低压下检查，许多绝缘缺陷和潜在的故障无法及时发现。

鉴于此，目前提出了状态检修的概念，即通过对运行中电缆的负荷和绝缘状况进行连续的在线监测，随时获得能反映绝缘状况变化的信息，从而有的放矢地进行维修。

状态检修的优点：减少不必要的计划停电时间，提高设备利用率；降低备品备件库存，减少设备维护费；使得检修工作更具针对性，提高设备检修水平，也在一定程度上减少了检修人员的工作负担。

一、电力电缆线路常见缺陷

对已投入运行或备用的各等级电缆线路及附属设备有威胁安全的异常现象（又称缺陷），必须进行处理。电缆设备缺陷涉及范围如下：

（1）电缆本体、接头和户内、外终端，包括接地线和支架。

（2）电缆支架、保护管、分支箱、交叉互联箱、接地箱、带电显示器、避雷器、隔离开关、信号端子箱和供油系统的压力箱及所有表计。

（3）电缆桥、电缆排管、电缆沟、电缆夹层、电缆工井、竖井、预埋

第四章　电力电缆的运行与检修

导管。

（4）电缆隧道及排水系统、照明和电源系统、通风系统、防火系统的各种装置设备。

（5）超高压充油电缆信号屏及信号报警系统设备。

1. 电力电缆线路缺陷分类

电缆线路缺陷按对电网安全运行的影响程度，分为紧急缺陷、严重缺陷和一般缺陷三类。

（1）紧急缺陷。严重威胁设备的安全运行，不及时处理，随时有可能导致事故的发生，必须尽快消除或采取必要的安全技术措施进行处理的缺陷，如充油电缆失压、附件绝缘开裂等。

（2）重大缺陷。设备处于异常状态，可能发展为事故，但设备仍可在一定时间内继续运行，应加强监视并在短期内消除的缺陷，如接点发热、附件漏油、接地电流过大等。

（3）一般缺陷。设备本身及周围环境出现不正常情况，或设备本体不完整，出现不太严重的缺陷，一般不威胁设备的安全运行，可列入检修计划消除的缺陷，如附件渗油、电缆外护套局部破损等。

2. 实际运行中的缺陷统计

在现实工作中，由于电缆自身结构、附件设计方法、安装工艺、敷设环境、网络构造以及负荷水平的差异，电缆缺陷呈多样性分布，按照缺陷出现位置的不同，大致可将日常运行遇到的缺陷分为如下四个类别：

（1）电缆本体常见缺陷。电缆线路本体常见缺陷主要有PVC护套破损、金属护套破损、金属护套电化学腐蚀、主绝缘破损、充油电缆本体渗漏油、电缆本体局部过热。

（2）接头和终端常见缺陷。接头和终端常见缺陷有油浸纸绝缘电力电缆尼龙斗干枯、油式终端渗漏油、中间接头铅包开裂、接头环氧套管开裂、空气终端严重积污、空气终端瓷套开裂、空气终端瓷套掉瓷等。

（3）电缆线路附属设备缺陷。电缆线路附属设备缺陷主要包括线路接地电阻偏高、接地电流过大、35kV及以上高压单芯电缆线路交叉互联系统断线、互联箱或接地箱接触电阻偏高、护层保护器故障、交叉互联线电流过高、充油电缆油压报警系统故障、充油电缆压力箱渗漏油、固定抱箍及卡具丢失等。

（4）电缆敷设路径上存在的缺陷。电缆的敷设方式主要包括直埋、沟槽、管井以及隧道等。电缆路径设施的缺陷往往是电缆线路缺陷的直接原因。在日常运行中，路径上存在的缺陷主要有在电缆路径附近进行大型机械施工、路径上方堆积建筑垃圾等杂物、与其他管线进行不符合规程要求的垂直交叉、路径内接地系统的接地电阻过大、隧道顶板和侧墙出现裂纹、隧道侧墙或底板有渗漏水、支架有毛刺、易腐蚀、承载力不足、隧道内温度过高、通风和排水系统出现故障、同一路径上不同等级电缆的相互占压等。

3. 电缆缺陷的处理原则

（1）对于紧急缺陷，运行部门应立刻上报技术管理部门，组织有关部门及时处理，运行人员可在事后补报缺陷卡片。危急缺陷应于当日及时组织检修处理。

（2）对于重大缺陷，按照缺陷处理流程逐级运转，由处缺部门及时安排处理，一般不超过1个月。

（3）对于一般缺陷，应列入检修计划，一般不超过3个月。

（4）凡遇重大电气设备绝缘缺陷或事故，还应及时上报上级有关部门。

（5）对于已检修完或事故处理中的电缆设备不应留有缺陷。因一些特殊原因有个别一般缺陷尚未处理的，必须填好设备缺陷单，做好记录，在规定周期内处理。

（6）电缆设备带缺陷运行期间，运行部门应加强监视。对带有重要缺陷运行的电缆设备，应得到部门技术主管的批准。

（7）电缆设备缺陷应填写缺陷卡片，缺陷卡片由各部门领导或技术负责人进行审核。

4. 缺陷处理的职责分工和流程

设备缺陷管理实行分级、分层管理的原则，各部门应明确各级设备缺陷管理专责人。生产技术管理部门作为设备缺陷的归口管理部门，负责组织、协调、指导各部门设备缺陷的分析处理、技术攻关、制订反措等工作，负责组织设备缺陷的统计汇总、分析处理、措施制定、检查验收、消缺指标等工作，负责将缺陷情况上报上级管理部门。运行部门负责设备的巡视检查，上

第四章 电力电缆的运行与检修

报设备缺陷，处理职责分工内的设备缺陷，对本部门的设备缺陷及处理情况进行汇总。检修部门则负责处理职责分工内的设备缺陷，负责备品备件的储备工作，并对本部门的设备缺陷处理情况进行汇总。安监部门、工程管理部门以及材料部门负责做好设备缺陷处理涉及的安全、工程、备品备件等工作。缺陷处理流程示意图如图 4-1 所示。

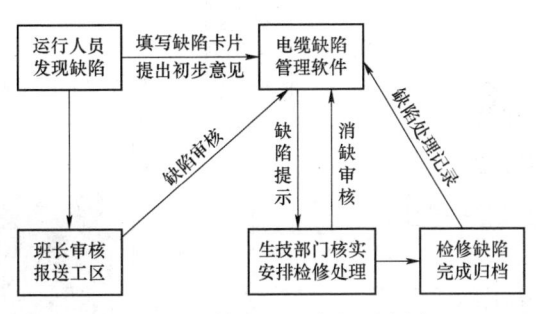

图 4-1 缺陷处理流程示意图

二、电力电缆线路在线监测

正如上文所述，基于经济效益和技术可靠性考虑有必要进行状态检修的尝试，其组成和相互关系如图 4-2 所示，可见在线监测是状态检修的基础和根据。从可靠性、适用性和实用性方面考虑，在线监测系统需满足如下要求：

（1）在线监测系统的应用不应改变电缆线路的正常运行。

（2）实时监测，自动进行数据存储和处理，并具有报警功能。

（3）具有较好的抗干扰能力和适当的灵敏度。

（4）具有故障诊断功能，包括故障定位、故障性质和故障程度的判断等。

当前，我国主要开展了以下七种切实可行的在线监测试验项目。

1. 充油电缆线路绝缘油状态的监测

我国当前的 110kV 及以上等级的充油电缆基本都安装了油压报警系统来实现对充油电缆油压的在线实时监控，一旦油压异常，系统将产生声光报警模拟信号，通过变电站 RTU（远程终端控制系统）传至集控站，从而引导检修人员通过注油或放油等方式，将油压控制在正常范围内。该系统也是当前应用最为广泛和成熟的在线监测系统。

145

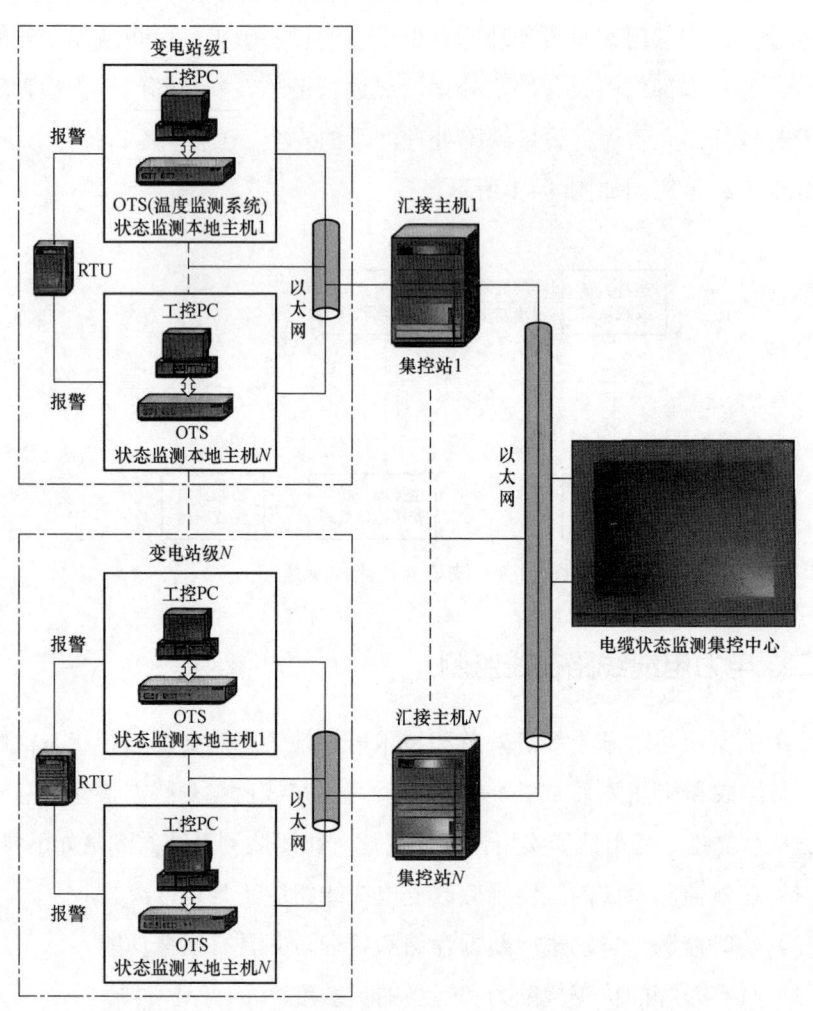

图 4-2　高压、超高压电缆状态监测集控系统拓扑图

2. 10kV 及以上交联电缆运行温度监测

随着交联电缆线路负荷率的不断提高，电缆线路温度过高的问题日益突出。自 2000 年以来，国内逐步开始采用红外测温仪和红外热像仪对电缆及其附件的运行温度进行点对点的监测。由于红外测温仪测量距离有限、测量范围小、误差大以及受被测点表面反射率的影响大，使其测量数据不可靠而逐步被红外热像仪取代。近年来，通过这种方法发现多起运行缺陷，红外热像仪发现的某线路 B 相发热情况如图 4-3 所示。

第四章 电力电缆的运行与检修

图 4-3 某线路 B 相发热

3. 110kV 及以上单芯交联电缆交叉互联系统接地电流的监测

（1）110kV 及以上 XLPE 电缆金属护套接地是保证电缆安全运行的重要措施。为抑制金属护套内产生较大环流，110kV 及以上 XLPE 电缆通常采用单端接地或者交叉互联两端接地的方式，此时，电缆的接地线电流为零或者很小。如果电缆外护套绝缘有破损，造成金属护套多点接地，则会在金属护套、接地线、接地系统间形成回路，产生较大的接地线电流（其值能达到电缆线芯电流的 50%～95%）。由于此接地线电流较大，因此可用电流互感器直接对其进行采样，经过外围电路放大、A/D 转换和微机处理，即可实现电缆外护套状况的在线监测。系统构造方式如图 4-4 所示。

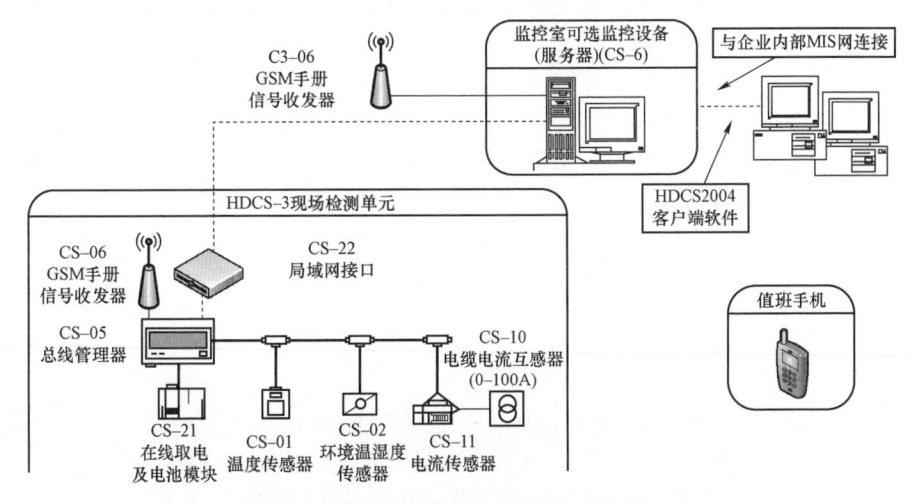

图 4-4 某线路的接地电流监测系统结构图

147

（2）如果电缆采用单端接地方式，则可采用接地线电流法监测电缆主绝缘状况，这种方法也称为工频泄漏电流法。正常情况下，单端接地时，接地线电流包括容性电流和主要为流经电缆主绝缘的容性电流。当电缆绝缘逐渐恶化时，容性电流将会增大，所测的接地线电流均值将随之"上浮"。由于接地线电流数值可达安培级，比较容易测量，因此，可以通过对接地线容性电流的测量，从概率统计的角度进行历史数据的趋势分析，由此对电缆主绝缘状况进行在线监测。接地线电流法监测电缆主绝缘状况时，如果发现接地线容性电流均值显著增长，在排除其他运行故障的可能性后，可以认为是电缆主绝缘的恶化所致。

4. 电缆附件的局部放电监测

局部放电是造成电缆绝缘被破坏的主要原因之一，国内外学者一致推荐局部放电试验作为 XLPE 电缆绝缘状况评价的最佳方法。考虑到电缆故障绝大部分发生在电缆附件上，而且从电缆附件处进行局部放电测量容易实现、灵敏度高，因此，一般电缆局部放电在线检测主要针对电缆附件。目前，电缆局部放电在线检测方法主要有差分法（如图 4-5 和图 4-6 所示）、方向电磁耦合法、电容分压法、REDI 局部放电测量法、超高频电容法、超高频电感法等。虽然对局部放电的在线检测方法很多，理论上也是可行的，但实际应用中，由于局部放电信号微弱、波形复杂、外界背景干扰噪声大等原因，实现局部放电的在线检测难度很大。

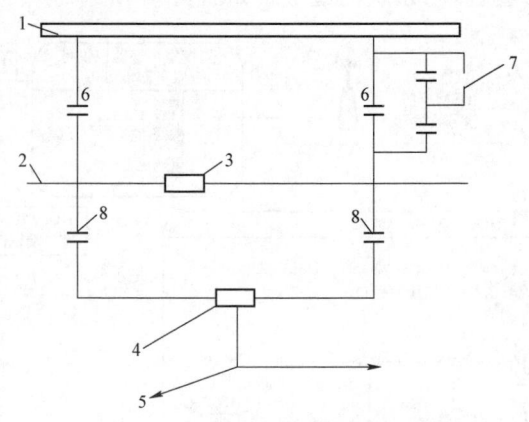

图 4-5 差分法局部放电测试等效电路
1—导体；2—屏蔽层；3—绝缘法兰；4—测试仪；5—数据传输线（至测试主机）；
6—导体-屏蔽电容；7—局部放电；8—电极-屏蔽电容

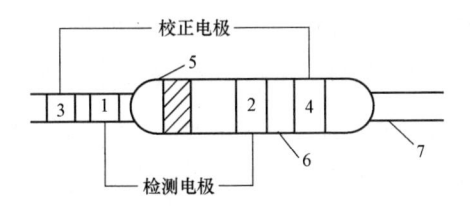

图 4-6　差分法电极安装示意图

1、2—测量用电极；3、4—校正用电极；5—绝缘筒；6—绝缘接头；7—电缆

5. 高压电缆线路运行温度的在线实时监测

任何电缆事故的发生、发展，都有一个时间过程，而且都伴随有局部温度升高，温度已成为判断电缆运行是否正常的非常关键的要素之一，许多物理特性的变化也都直接反映在温度的升降上，因此对温度监测的意义越来越大。电缆温度在线监测按照测温点的分布情况，可分为两大类：分布式在线温度监测和点散式在线温度监测，前者对电缆线路全线进行温度监测，后者只对电缆终端、中间接头等故障多发部位进行温度监测。

分布式光纤测温技术融合了当前世界上最先进的光纤和激光技术，用光纤作为传感探测器进行温度监测，在日本、欧美等发达国家电力电缆网中已经有多年的成熟运行经验，通过实时监控电缆线路的运行温度，为发现电缆线路局部放电、绝缘老化等早期症状提供一个依据，是实现电缆网状态检修的必要手段。其原理是利用光在光纤中传输时，在每一点上激光都会与光纤分子相互作用而产生后向的散射，既有瑞利（Rayleigh）散射、布里渊（Brilouin）散射，也有拉曼（Raman）散射。拉曼散射是处于微观热振荡状态下的固态 SiO_2 晶格与入射光相互作用，产生与温度有关的比原光波波长较长的斯托克斯光和波长较短的反斯托克斯光，这两种光的一部分沿光纤被反射回来，通过检测拉曼散射斯托克斯光和反斯托克斯光的比值，确定光纤沿线的温度，系统原理及结构图如图 4-7 和图 4-8 所示。该系统在北京地区已经得到广泛应用。

6. 电缆水分在线监测

对于 XLPE 电缆，水分的危害极大，因此，在电缆的设计、制造过程中采取了多种技术措施抑制水分，但是，长期运行过程中，水分的入侵不可避免，特别是对于电缆附近水源较大或者电缆长期浸泡在水中的地区更是如此。电缆水分在线监测系统是在电缆结构内（一般在金属护套与外屏蔽层之间）内置一个分布式的水传感器，通过测量水传感器的直流电阻，来判断水分的入侵情况。系统中水传感器的布置、电气特性至关重要，一方面，它要有与电缆金属护套一样的交叉互联方式；另一方面，它还要能承受各种冲击电压和冲击电流的影响。电缆水分在线监测法适合应用在电缆长期浸泡在水中的情况。

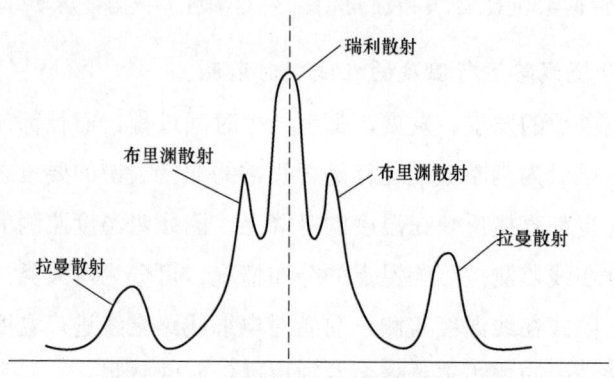

图 4-7 分布式光纤测温系统原理图

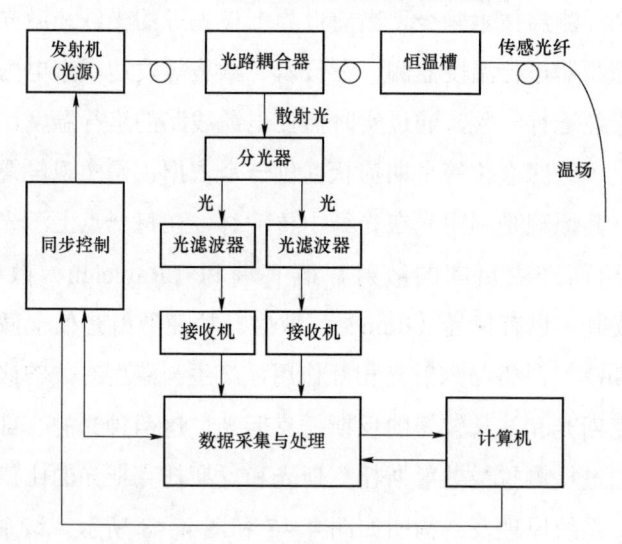

图 4-8 分布式光纤测温系统结构图

7. 在线检测 $\tan\delta$ 法

研究表明，介质损耗 $\tan\delta$ 的大小随着水树老化程度的增大而增加。测量线路电压与流经绝缘体的电流（由电缆接地线中测出）的相位差，求出 $\tan\delta$ 的大小，从而判定电缆主绝缘的好坏。

典型的介质损耗 tanδ 在线检测法是检测两个正弦波过零点的时间差，由频率和时间差来计算相位差的方法。国内研究所研究了介质损耗测量的过零点电压比较法，较好地解决了介质损耗的在线测量问题。过零点电压比较法无需以过零点为测量相位差的标准，而以过零点附近两个正弦波的平均电压差来评价两个正弦波的相位差，因此抗干扰能力强，比较适用于现场及在线检测。

由于 tanδ 反映的是被测对象的普遍性缺陷，个别集中缺陷不会引起 tanδ 值的显著变化。因此 tanδ 法对电缆全线整体老化监测有效，对局部老化则很难监测。此外，对于 110kV 及以上 XLPE 电缆，由于其绝缘电阻和等值电容很大，因此 tanδ 值很小，容易受到干扰而无法准确测出。

第三节 电缆线路故障及处理

1. 常见的电力电缆故障

（1）电缆故障产生的主要原因。

1）绝缘老化。电缆在长期运行过程中，在电场的作用之下，绝缘层要受到伴随电作用而来的热、化学和机械作用，从而引起绝缘介质发生物理及化学变化，久而久之，介质的绝缘性能和水平自然就会下降。

2）绝缘受潮。中间接头或终端在结构上不密封或施工安装质量不好，如搪铅密封中留下砂眼而造成绝缘受潮。电缆金属护套在生产过程中留下微孔或裂纹等缺陷，也会使绝缘受潮。

3）电缆过热。多种情况会造成电缆的过热，原因是多方面的。内因主要有电缆绝缘内部气隙游离造成局部过热，从而使绝缘碳化；外因是电缆过负荷或散热不良，安装于电缆密集地区、电缆沟及电缆隧道等通风散热不良处的电缆，穿在干燥管中的电缆以及接近热力管道的电缆，处于阳光曝晒下的电缆都会因过热而使绝缘加速老化。

4）机械损伤。

a. 直接受外力作用造成的破坏。主要包括施工和交通运输所造成的损坏，如挖土、打桩、起重、搬运等都可能误损伤电缆，行驶车辆的振动或冲击性负荷也会造成穿越公路或铁路以及靠近公路或铁路敷设电缆的金属护套裂损。

b. 敷设过程造成损坏。主要是电缆在敷设过程中受到过大的牵引力或弯曲半径过小而导致绝缘和护层的损坏。

c. 自然力造成损坏。主要包括中间接头或终端头受自然拉力和内部绝缘胶膨胀的作用所造成的电缆护套的裂损；因电缆自然胀缩和土壤下沉所形成的过大拉力拉断中间接头或导体终端头瓷套因受力而破损等。

5）护层的腐蚀。由于电解和化学作用使电缆铅包腐蚀。根据腐蚀性质和程度的不同，铅包上会出现红色、黄色、橙色和淡黄色的化合物或类似海绵的细孔。

6）过电压。大气过电压和内部过电压使电缆绝缘所承受的电场强度超过允许值而造成击穿。对实际故障进行分析表明，许多户外终端头的故障是由于大气过电压引起的，电缆本身的缺陷也会导致在大气过电压时发生故障。

7）材料缺陷料。一是电缆制造的问题，主要有金属护套上的缺陷、绝缘及半导电层中的缺陷、线芯表面有凸起、铜屏蔽带接口连接不良等；二是电缆附件制造上的缺陷，如铸铁、铸铝件有砂眼，瓷件的机械强度不够，其他零件不符合规格或组装时不密封等；三是对绝缘材料维护管理不善，造成制作电缆中间接头和终端头绝缘材料受潮、脏污和老化，影响中间头和终端头的质量。

8）中间接头和终端头的设计和制作工艺问题。中间接头和终端头的设计不周密，选用材料不当，电场分布考虑不合理，机械强度和裕度不够等是设计的主要弊病。另外中间接头和终端头的制作工艺要求不严，不按工艺规程要求进行，使电缆头的故障增多，例如封铅不严、导线连接不牢、芯线弯曲过度、使用的绝缘材料有潮气、绝缘剂未灌满造成盒内有空气隙等。

9）接地系统。接地线或交叉互联线被盗或接线错误造成环流过大而烧毁电缆或附件。

（2）电缆故障的分类。电缆的故障性质，可按试验结果分为以下五类。

1）低阻接地或短路故障。电缆一芯或数芯对地绝缘电阻或芯与芯之间的绝缘电阻低于数千欧，而导体连续性良好。一般常见的有单相接地、两相或三相短路、两相或三相接地。

2）高阻接地或短路故障。电缆一芯或数芯对地绝缘电阻或芯与芯之间的绝缘电阻低于正常值很多，但高于数千欧，导体连续性良好。一般常见的有单相接地、两相或三相短路接地。

3）断线故障。电缆各芯绝缘良好，但有一芯或数芯导体不连续。

4）断线并接地故障。电缆有一芯或数芯导体不连续，而且经电阻接地。

5）闪络性故障。这类故障大多在预防性耐压试验时发生，并多出现于电缆中间接头或终端内。发生这类故障时，故障现象不一定相同。有时在接近所要求的试验电压时击穿，然后又恢复，有时会连续击穿，但频率不稳定，间隔时间数秒至数分钟不等。

有时电缆在一定电压下发生击穿，待绝缘恢复后击穿现象便完全停止，通常称这类故为封闭性故障。

上述五类故障中，低阻和高阻之分并非绝对固定，它主要决定于故障测寻方法、测寻设备的条件（如试验电压高低、检流计的灵敏度等）和被试电缆导体电阻的大小。目前使用的电缆探伤仪试验电压可达 600V，当电缆导体回路电阻在 1Ω 以下时，容许的故障电阻值可达 100kΩ。很明显，试验电压越低或电缆导体回路电阻越小，则容许的故障电阻值越低。测量高电阻故障时，必须提高试验电压或增加检流计的灵敏度。一般认为故障电阻在数千欧以下为低阻故障。当使用低压脉冲法或闪络法测寻电缆故障时，一般认为 100Ω 为低阻故障和高阻故障的分界线。

2. 故障测寻

（1）电缆故障性质的确定。在电缆线路发生故障以后，首先必须了解故障情况，确定故障的性质，然后才能根据故障的性质正确选择具体的故障测寻方法进行故障测寻。不然，只能是胸中无数，盲目进行测寻，不但找不出故障点，而且会拖延抢修故障的时间，甚至因测寻方法使用不当而损坏测试仪器设备。

所谓确定故障的性质，就是指确定故障电阻是高阻还是低阻；是闪络还是封闭性闪络故障；是接地、短路、断线，还是它们的组合；是单相、两相，还是三相故障。通常可以根据故障发生时出现的现象，初步判定故障的性质。例如，运行中的电缆线路发生故障时，若只给了接地信号，则有可能是单相接地故障；保护过电流继电器动作，出现跳闸现象，可能发生了电缆两相或三相短路或接地故障，或者是发生了短路与接地混合故障。发生这些故障时，短路或接地电流烧断电缆线芯将形成断路故障。仅仅通过上述判断尚不能完全将故障的性质确定下来，还必须测量电缆的绝缘电阻和进行线芯的导通试验。

一般用绝缘电阻表测量电缆线芯之间和线芯对地的绝缘电阻，1kV及以下电缆用1000V绝缘电阻表，1kV以上电缆用2500V绝缘电阻表。进行线芯导通试验时，将电缆末端各相线芯短接，用万能表在电缆的首端测量线芯电阻。

（2）电缆故障的测寻步骤。

1）确定故障的性质。

2）故障点的烧穿。如果故障电阻很高，通过施加冲击电压或交流电压烧穿故障点，将高阻故障或闪络性故障变为低阻故障，以便进行粗测。

3）粗测。就是测出故障点到电缆任意一端的长度。测寻仪器设备很多，具体接线方法更多，但根据测试原理来归纳，粗测的方法有两大类，一类是电桥法，另一类是脉冲反射法。

4）探测故障电缆线路的敷设路径。对于直埋、排管、充砂电缆沟敷设的电缆就是找出故障电缆的敷设路径和埋设深度，以便进行定点精测。探测路径的方法是向电缆中通入音频电流信号，然后利用接收线圈通过接收机接收此音频信号。

5）故障点的精测（定点），也就是确定故障点的确切位置。通常采用声测、感应、跨步电压等方法进行定点。

上述五个步骤是一般的测寻步骤，不是固定不变的，实际工作中，可根据具体情况省去其中的某些步骤。例如，电缆敷设路径的图纸很准确时可不必再探测敷设路径；对于高阻故障，可不经烧穿而直接用闪络法进行粗测；对于一些闪络性故障，不需要进行定点，可根据粗测得到的距离数据，查阅资料，直接挖出粗测点处的中间接头，然后再通过细听而确定故障点；对于电缆沟或隧道内的电缆故障，可进行冲击放电，不需要使用仪器进行定点，而直接用耳听、鼻闻、眼观和手摸来确定故障点。

（3）电缆故障点的烧穿。

1）烧穿的要求及方法。随着交联聚乙烯电缆的大量应用和绝缘监督工作的加强，电缆在运行中发生的故障逐渐减少，而在预防性试验中的故障相对增多。另外外力破坏引起的故障虽然比以前大大减小，但占故障总数的比例还是很高的。据有关运行单位的统计，试验击穿的故障点电阻一般都很高，90%以上是高阻故障，在电缆运行时绝缘老化和外力破坏所引发的故障中，高阻故障也占70%以上。总之，在发生的电缆故障中，高阻故障占据了大多数。然而，有些粗测、定点方法和仪器设备必须在较低电阻下才能使用，这就需要将高阻故障进行烧穿处理，使高阻变为低阻，以利于测量。使用电桥法时，要求电阻值为数千欧为易；使用低压脉冲反射法时，要求故障电阻不高于 100Ω；使用音频感应法定点时，要求电阻不高于 10Ω；使用声测法定点时，故障电阻应在 $1k\Omega$ 左右。烧穿后故障点的电阻值应能满足不同测量仪器的要求。

电缆故障点烧穿的方法有交流电压烧穿、直流电压烧穿和冲击电压烧穿三种。交流电压烧穿时需要向故障电缆提供无功电流，所以烧穿设备的容量必须足够大。而且采用交流烧穿方法时，由于工频交流电在一个周期内烧穿电流要通过两次零点，每次通过零点时绝缘有所恢复，故障电阻迅速增大，所以故障点容易被烧断。因此，当没有必要将故障点电阻烧到低达 100Ω 以下时，一般不使用交流烧穿法。冲击电压烧穿对设备的容量要求不大，容易实现，但烧穿时间相对较长。

2）交流电压烧穿。交流电压烧穿的接线如图 4-9 所示，图中隔离开关 QF 选 250V、30A，熔丝 FU 按烧穿变压器 T 低压侧额定电流选择，R 为水电阻，可利用容量较大的自来水槽解决。

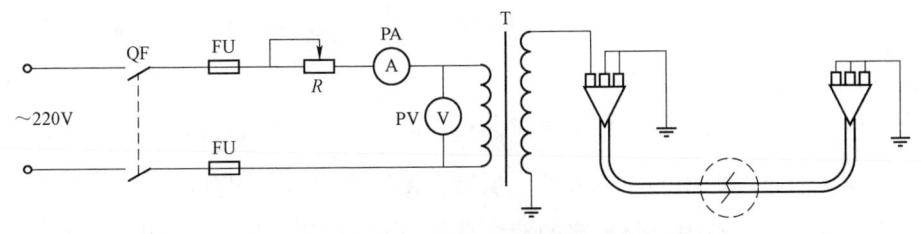

图 4-9 交流电压烧穿的接线图
PA—电流表；PV—电压表

用音频感应法定点时,在故障点电阻降到200Ω以下后,可用220V的交流电压烧穿,其接线如图4-10所示。这种方法只适用于在故障点电阻较小时使用。在烧穿过程中,电流逐渐增大,要特别注意电流不能增加太快,最后的最大电流一般不得超过30A。

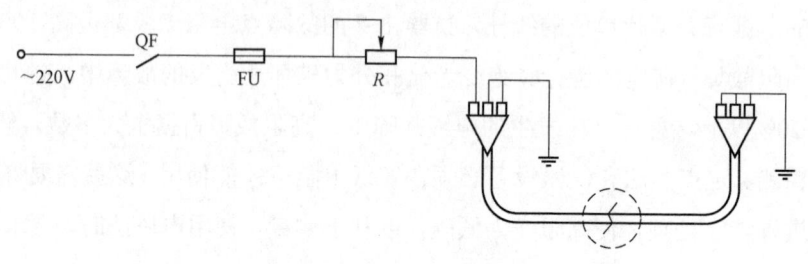

图4-10 220V交流电压烧穿故障点接线图

3) 直流电压烧穿。直流电压烧穿法是常用的烧穿方法之一,其接线方法基本与直流耐压试验的接线相同。但在烧穿故障点时,电流较大,不宜采用限流电阻。烧穿时应采用负极性的直流电压,避免发生正极性电压使介质中的水离散,反而使故障点的绝缘电阻升高而不得不提高施加的电压。

采用直流电压烧穿时,应先对故障电缆进行直流耐压检查测试,以确定其故障点的击穿电压值。一般对于运行中的电缆故障需进行此步检测,对于经直流耐压而被击穿的电缆,在已了解击穿电压的情况下就无需进行此步检查。在直流电压烧穿时,如果电流增加太快,就容易造成故障点被烧断。在烧穿过程中,故障点电阻的降低与稳定需要一个过程,如果在此过程中电流增加太快,将由于故障点面积太小,因热效应而导致故障通道熔断。所以,在烧穿时电流的增加不可太快,应力求平稳,一般以每次增加的电流为原电流的0.3~0.5倍为宜,而且应在每一个电流值上停留一段时间,一般可停留3~5min。只有这样,才能将故障点的固体绝缘物逐渐碳化,形成通道,从而使过渡电阻值稳定地降下来。

值得注意的是,不要把故障点的电阻降得太低,因为随着故障电阻的降低,虽能给故障的粗测带来方便,但给声测定点带来了困难,因为故障点发出声响的大小与故障电阻放电的能量有关,接地电阻的降低,放电能量减小,故障点发出的声响就小。

4) 冲击电压烧穿。当升压设备的容量较小时，就需要改变烧穿方法，进而采用冲击电压烧穿法，其接线如图 4-11 所示。利用直流电源对电容器 C 充电，充到球隙 G 击穿时，电容器上的电荷经故障点放电，冲击电流将使碳化通道逐渐扩大，电阻降低。充电电容器 C 可取 2～5μF，应能承受 20～30kV 电压。若无适合的充电电容，也可用被试电缆中完好线芯作为充电电容，但在此种情况下，所加直流高压最多不得超过该电缆的试验电压值。还可采用串并联的电容器组来提高电压和冲击能量。

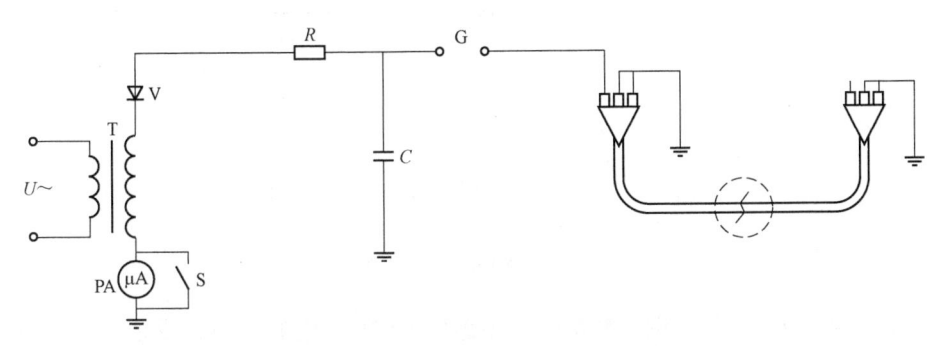

图 4-11 冲击电压烧穿故障点接线图
V—硅堆；T—调压器；PA—微安电流表；S—闸刀；R—电阻

（4）电缆故障点的粗测。电缆故障点的粗测，就是测出故障点到电缆任一端的距离，这一步骤是故障定点的必要前提。粗测的方法有很多种，按基本原理归纳有两类，一类为电桥法，另一类为脉冲法。结合故障类型、测寻方法、仪器设备、接线方式等的差别，在实际中应用的具体测寻方法不胜枚举，新的测寻方法还不断出现，在此仅从原理的角度出发，介绍以下方法。

1) 电桥法。

a. 直流电桥法测量接地故障。直流电桥法是最早采用的探测电缆故障的方法，多年来一直是测寻电缆故障的主要手段。对于低阻接地和相间短路故障，目前这种方法仍然被广泛采用，而且精确度较高。要求故障点电阻不要太高，通常以 2kΩ 以下为宜。

直流电桥法是根据惠斯登电桥原理，将电缆故障点两侧的线芯电阻引入直流电桥，测量其比值。由测得的比值和电缆长度可算出测量端到故障点的距离。如图 4-12 所示，图中 R_L 是电缆全长的线芯导体电阻，R_x 是始端到故障点的电阻。测得电阻 R_X，即可算出始端到故障点的距离 X。可使用单臂电桥、双臂电桥等电桥法对电缆故障点进行粗测，常用的设备是 QF1-A 型电缆探伤仪。

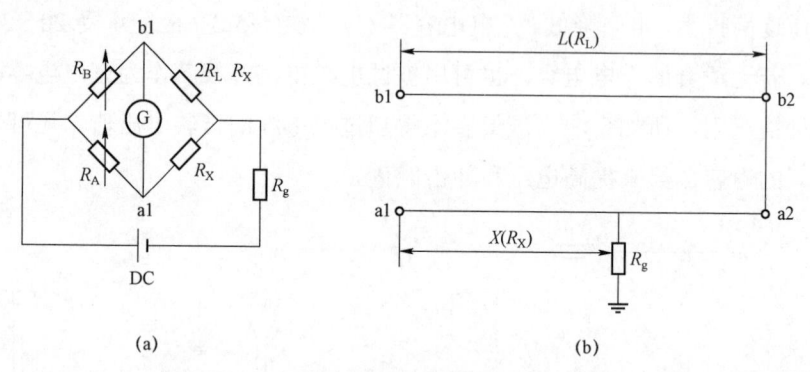

图 4-12 直流电桥法测量接地故障原理图
（a）电桥原理；（b）故障电缆回路
R_A、R_B—可调电阻；R_g—接地电阻

b. 电容电桥法测量断线故障。电缆的电容随长度的增加而成正比例的增加，根据这一特性，就可用比较电容的方法来测量故障点的距离。电容电桥法就是用比较电容的原理来测量电缆断线故障的。图 4-13 所示是电缆断线故障示意图，图中从左端算起 L_X 处发生一相完全断线，此时可分别测量断线点前后各段的电容 C_1 及 C_2 和总电容 C 值，则

$$L_X = \frac{C_1}{C_1 + C_2} L$$

$$L_X = \frac{C_1}{C} L$$

式中：C_1、C_2 和 C 值均可用电容电桥测出。

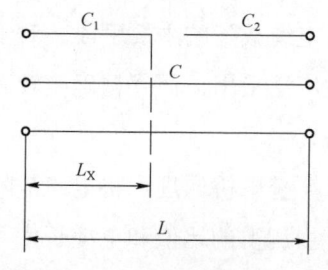

图 4-13 电缆断线故障示意图

QF1-A型电缆探伤仪是利用电容电桥法原理测量断线故障的仪器，测量时的原理接线如图4-14所示，图中G为音频振荡器。用该仪器测量断线故障的步骤如下：

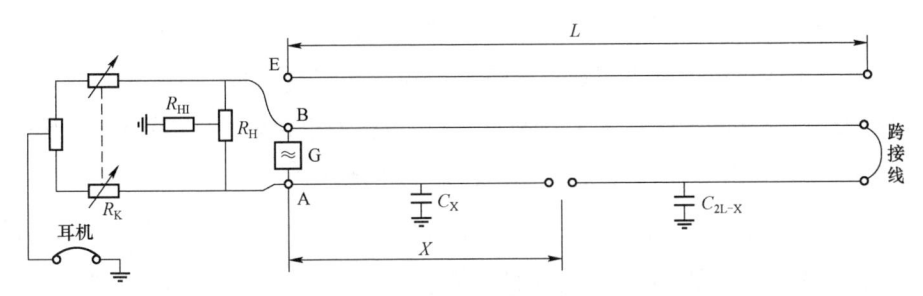

图4-14 用QF1-A型电缆探伤仪测量断线故障时的原理接线图
R_{H1}—接地电阻；C_X—X段的接地电容；C_{2L-X}—$2L-X$段的接地电容

a）将故障相与任一非故障相在另一端跨接，将探伤仪"A"接线柱接故障相，"B"接线柱接完好线芯，"E"接线柱接金属屏蔽或另一完好线芯。

b）将测量选择开关旋到"断线"位置上，关闭"直流指零仪"，量程选择可放任意位置。

c）接上220V交流电源，插入耳机，开启电源即可听到1000Hz的音频信号。

d）调节读数电阻盘R_K和相位平衡仪R_H，分别反复调节，直到耳机中无声音为止，此时即电桥平衡，故障距离可用下式求得

$$L_X = 2R_K L$$

式中 L——电缆全长；

R_K——电阻盘读数。

若电缆的三相线芯全部烧断，就无好相可用，需用该仪器在线路两端测量电缆线芯的电容，计算两端电容值之比，即可确定故障点的距离。

2）脉冲反射法测量电缆故障。脉冲反射法测量电缆故障，不但能较好地解决高阻和闪络性故障的粗测，而且几乎能粗测35kV及以下电压等级电缆的所有类型的故障，因而得到十分广泛的应用。经过几十年的发展，基于脉冲反射法生产的仪器设备已经实现了数字化和微机化，可以存储测试的数据，方便地用现在的测试波形与过去的波形相比对。脉冲反射法可以随时利用好

相测量出电缆线路路径的全长，不必像电桥法一样过多地依赖电缆长度、截面积等原始记录。

脉冲反射法测量仪器均是依据线路电波的传输及反射原理设计的。具体做法是根据电缆故障点电阻的高低，向故障线芯施加大小不同的脉冲电压。这个脉冲电压以电波的形式在故障点与电缆终端末端之间往返传播。在电缆线路的测试端将波形记录下来，便可根据电波波形求得电波往返反射的时间，进而再根据电波在电缆中传播的速度，计算出故障点到测试端的距离。

a. 低压脉冲法。低压脉冲法能够很方便地测出电缆的低阻接地、短路及断线故障的故障点距离。当给电缆线芯输入一脉冲电压时，该脉冲波以速度 v 沿线路传输。当行进 L_x 距离遇到故障点后被反射折回输入端，其往返时间为 T，则有以下公式

$$2L_x = vT$$
$$L_x = \frac{1}{2}vT$$

据此便可求出故障点的距离。

电波在电缆线路中的传输速度。与电缆的一次参数有关，主要与绝缘介质的介电常数有关，为光速与介电常数开平方根的比值。对每一条电缆来说是一个固定值，可通过计算或仪器实测得到。根据经验，对于油浸纸绝缘电缆，其值在 150~170m/μs 之间，塑料绝缘电缆为 160~180m/μs，橡胶绝缘电缆为 220m/μs。为了确定正确的波速，在测寻故障之前，可在良好的电缆线芯上测定脉冲波来回全线所需的时间，然后根据电缆的实际长度求出波速。

现在的仪器设备已经不用人工计算，只要输入正确的波速，选择好两个光标的位置，就会直接给出故障点的距离。

b. 直流闪络法。对于高阻故障，因为在低电压的脉冲作用下仍呈现很高的阻抗，脉冲的透射很大，反射很小甚至无反射。这种情况下需加一逐渐升高的直流电压于被测电缆的故障相，升高到一定电压值后故障点被击穿，形成闪络。闪络电弧对所加电压脉冲形成短路反射，反射回波在输入端又被高阻源形成开路反射。这样的反射过程将在输入端与故障点之间延续下去，直至能量全部消耗为止。

测试原理接线如图 4-15 所示。图中限流电阻 Z_S 用 500kΩ 电阻。反射波形如图 4-16 所示,理论波形为陡直的矩形波,实际上因透射的存在使反射不完全,以及往返反射时在电缆线芯上有相当大的损耗,致使波的幅度逐渐衰减,波形边沿也越来越圆滑。

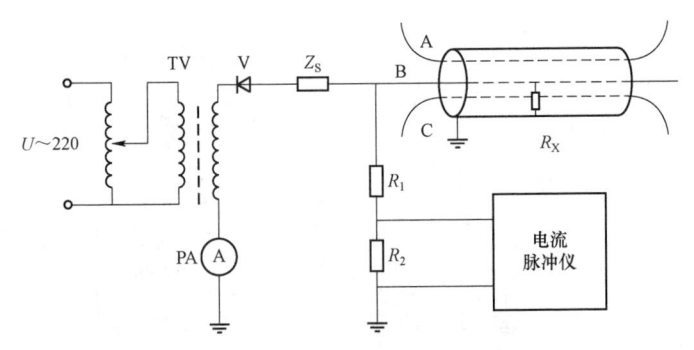

图 4-15 直流闪络法测试原理接线图
TV—调压器;V—硅堆;PA—电流表;R_X—故障的接地电阻;R_1—水电阻;R_2—分压电阻

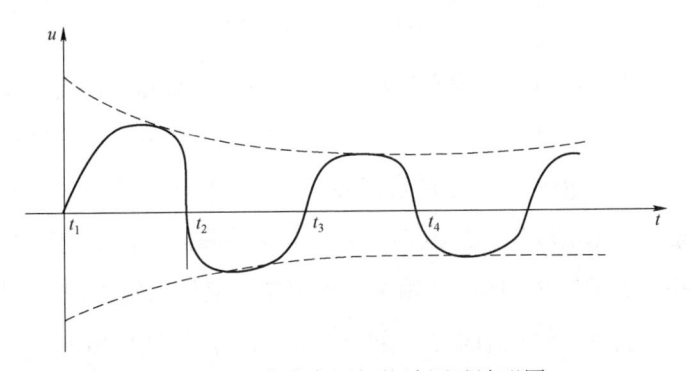

图 4-16 直流高压闪络法测试波形图

若从测量端到故障点往返反射一次所经历的时间为 T,则测量端到故障的距离为

$$L_X = \frac{1}{2}vT$$

$$T = t_2 - t_1 = t_3 - t_2 = t_4 - t_3$$

考虑各种因素,为了使测量更加准确,一般取 $T = t_2 - t_1$。

c. 冲击闪络法。当故障点处形成贯穿性通道或故障电阻不很高的情况下,有两种场合不能使用直流闪络法。

第一，随着电压的慢慢升高，泄漏电流逐渐增大，但故障点并不闪络；第二，由于泄漏电流不断增大，试验设备的容量受到限制，或由于试验设备内阻很大，导致故障点加不上电压，电压全降在试验设备的内阻上。遇到上述两种情况时，必须采用冲击闪络法，其原理接线图如图4-17所示。

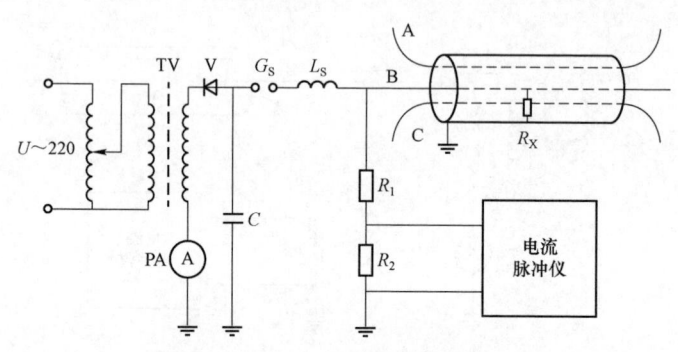

图4-17 冲击闪络法测试原理图
TV—调压器；V—硅堆；PA—电流表；R_X—故障点的接地电阻；
R_1—水电阻；R_2—分压电阻

用冲击闪络法测试，直流高压经球隙 G_S 对电缆故障点冲击直至击穿，产生的闪络电弧形成短路反射。冲击闪络法测试线路必须于球隙与缆芯间串接电感 L_S，这是因为储能电容 C 的容量较大，对于传输来的高频脉冲电压波相当于短路元件，无法取出反射波形。为了取出故障波形，必须串入电感 L_S，L_S 对脉冲电压波有反应。脉冲开始瞬间电感中不能流过电流，相当于 L_S 开路，发生正反射。然后电流逐渐增加，过一定时间后，电感中电流可顺利通过，相当于 L_S 短路，变为负反射。若无电感 L_S，则如前所述，取不出反射波形。所以，冲击闪络法是在测量端利用电感反射电波，并通过电阻 R_2 使测量仪取得故障波形的。

由于电波在故障点被短路反射，在输入端又被 L_S 反射，在其间将形成多次反射，而整个线路又是由电容 C 和电感 L_S 组成一个由 LC 放电的全过程，因此，在线路输入端所呈现的波过程是一个近于衰减的余弦曲线上叠加着快速的脉冲多次反射波，如图4-18（a）所示，图4-18所示（b）是扩展的脉冲反射波，图中 ΔT 为故障点击穿的延迟时间。从反射脉冲的时间间隔可求出故障段的距离。

第四章 电力电缆的运行与检修

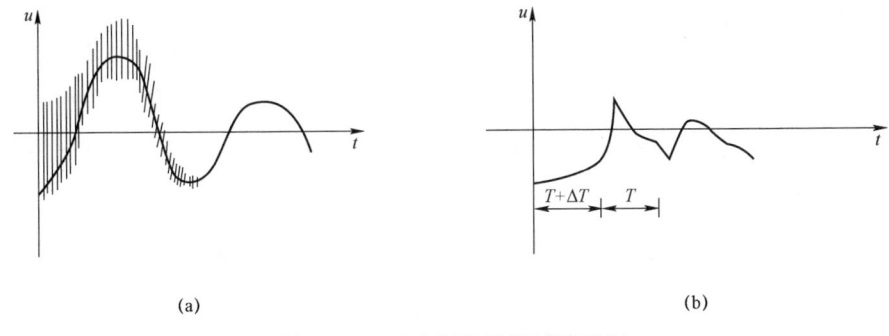

图 4-18 冲击闪络法测试波形图
(a) 波形全过程;(b) 扩展开的脉冲反射波

（5）电缆故障点的定点。如前叙述，电缆故障测寻的步骤一般为确定故障的性质，故障点烧穿，粗测故障点的距离，探测故障电缆的敷设路径，最后一步就是精测定点。一般使用两种方法对电缆故障点进行定点，一种是声测法，另一种是音频感应法。对于高阻故障一般用声测法定点，对于低阻故障，虽也可用声测法定点，但效果比较一般，宜用音频感应法定点。电缆故障的定点精确与否，关系到能否顺利找到故障点和开挖土方量的大小。

1）声测法。声测法的原理接线与冲击电压烧穿故障点的接线图相同。直流高压向电容器充电使球隙击穿，将电压加在故障点上，使故障点击穿产生火花放电，引起电磁波辐射和机械的音频振动。声测法的原理就是利用放电的机械效应，在地面用声波接收器探头拾取振波，根据振波强弱判定故障点。

用声测法探测故障点，拾音设备的灵敏度和防外界杂音干扰性能很关键，球间隙对故障放电时，故障点能否形成火花放电也至关重要。火花放电的形成主要取决于故障点电阻大小，充电电容器电压的高低以及电压沿线芯的衰减情况。通常选用 1~10μF 电容，对于 6~10kV 电缆，球隙放电电压调到 20~30kV，对于 35kV 电缆可调到 30~35kV，放电时间间隔 3~5s 为宜。声波接收器由压电晶体拾音器、放大器和耳机组成。当放电能量足够大时，利用简单的振膜式听棒即可直接听音。故障点的放电能量与放电电流的平方及故障电阻成正比，所以故障点的电阻不能太低。否则，将因放电能量太小，而使耳机中听不到放电声，这就是声测法适用于高阻故障的原因。

2）音频感应法。音频感应法一般用于故障电阻小于 10Ω 的低阻故障的定点。当用声测法进行定点时，因振动声传播受到屏蔽，或外界振动干扰很大，以及接地电阻极低，特别是金属性接地故障的故障点根本无放电声而无法定点时，需用音频感应法进行定点。

音频感应法定点的基本原理与用音频感应法探测电缆路径的原理一样。探测时，用 1kHz 的音频信号发生器向待测电缆通音频电流，发出电磁波。然后，在地面上用探头沿待测电缆路径接收电缆周围电磁场变化的信号，并送入放大器放大。再将放大后的信号送入耳机或指示仪表，根据耳机中声响的强弱或指示仪表示值的大小定出故障点的位置。在故障点，耳机中音频信号声响最强。当探头从故障点前移 1~2m 时，音频信号声响即中断，则音频信号声响最强处即为故障点。图 4-19 所示为用音频感应法对电缆相间短路故障定点的原理示意图。

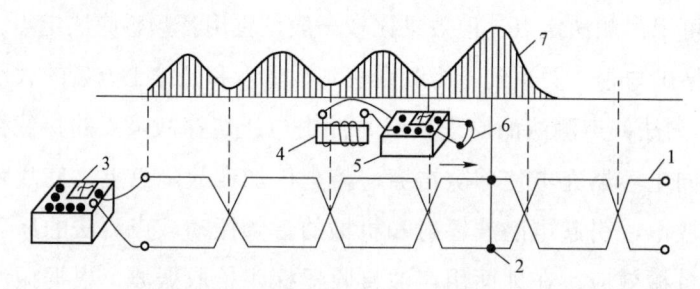

图 4-19 用音频感应法对电缆相间短路故障定点的原理示意图
1—电缆两芯；2—故障点；3—1kHz 音频发生器；4—接收线圈；
5—接收机；6—耳机；7—音响曲线

（6）电缆外护套故障测寻。电缆外护套故障的粗测使用直流电桥法和电压比法，故障定点主要用跨步电压法。直流电桥法与前面介绍的方法相同。以下主要介绍电压比法和跨步电压法。

1）电压比法。其原理为电阻比例法，如图 4-20 所示，B 相电缆全长为 L，护套有缺陷，缺陷（P 点）距测量端 X 距离为 L_{XP}，金属护套对大地有一电阻 R_P。金属护套层（其材料为铅或铝，或不锈钢）与铜芯相比，电阻较大，通常为兆欧级，均匀分布，因此 XP 及 PY 之间金属护层的电阻之比即为长度之比。考虑到电阻值较大，可采用普通的电流电压法，计算得到该阻值。

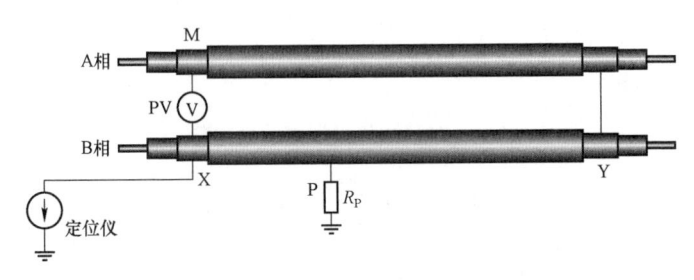

图 4-20　电压比法测量原理图

通常 R_p 数值差异很大，由几乎为零到几兆欧都有可能，与缺陷类型、敷设环境有关，当然也与施加电压有关。典型情况如闪络型缺陷，随着电压升高，缺陷点起弧，电阻值由维持电压及电弧电流决定，由起始的几十兆欧骤降至几欧。由此可见，准确测量金属护层的电阻，关键是要降低 R_p，使几十毫安的稳定电流通过 XP 护层段，产生电压降，由电压表测得电压值 U_{XP}，再由 Y 端加相同电流，测得 U_{PY}。由此算得缺陷点长度 L_{XP} 为

$$L_{XP}=LU_{XP}/(U_{XP}+U_{PY})$$

2）跨步电压法。

a. 什么是跨步电压。传统意义上的跨步电压是这样定义的，在电力线路、电器设备发生接地故障或雷电落地点，有电流流入地下时，电流在接地点周围产生电压降，接地点的电位通常很高，距离接地点越远，电位越低。当有人进入这一地区，人的两脚踩在不同的电位上，两脚之间的电位差就称为跨步电压。

b. 跨步电压法原理。对于电缆护套故障，跨步电压法是简单而有效的定点方法。

如图 4-21 所示，在故障电缆金属护套上施加一负极性的直流电压，从 G 点流入土壤的电流形成"V"形的电位分布，跨步电压法正是通过探棒寻找土壤中电势最低点确定故障点位置的。在故障点两侧。地电势差是相反的，越接近故障点电势差越小，如图 4-22 所示。

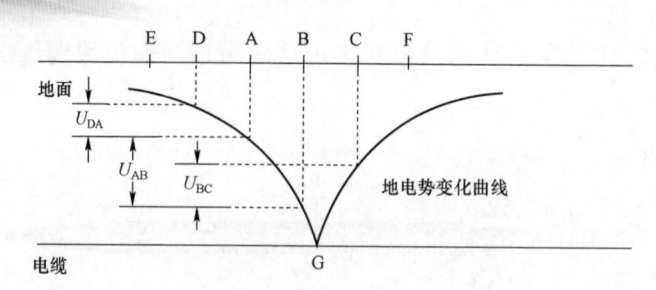

图 4-21 故障点周围的地电势

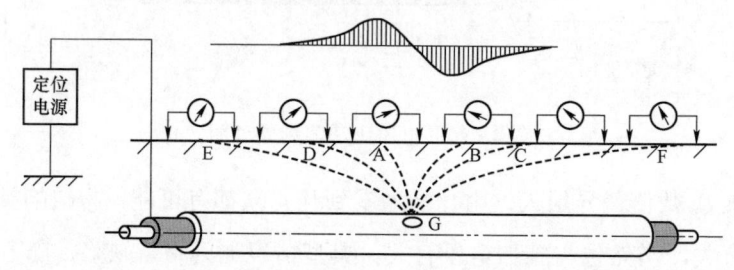

图 4-22 用跨步电压法对外护套故障位置定点示意图

c. 定点方法。

a) 把高压加到金属屏蔽层和大地之间。

b) 通过专用连线连接探棒至万用表，万用表量程置 200mV 挡。

c) 启动高压，升压、调节电流到一定值（如 40mA，该电流越大，定位越灵敏，一般根据土壤的电阻率调节电流），使输出电压在 100V 以上，使土壤中有足够的跨步电压分布，以脉冲方式输出高压，6s 输出、15s 停止，并不断重复。

d) 把探棒分别插入 AB 点或 AD 点，如图 4-22 所示，以 AD 点为例进行介绍，取 AD 距离为 5m，将两探棒分别插入 A、D 两点，尽量深，观察地电势是否突变，高压电源施加的脉动电流，在缺陷点周围会引起几到几百毫伏电势差，记录 AD 两点间的电势差，特别要注意方向，再分别向 DE 和 AB 平移探棒，应保持两探棒相对位置不变，如 G 点为故障点，可发现 AB 间电势变化远大于 AD、DE，由此判断故障点在由 A 向 B 的方向。原理图 4-22 所示 AB 点电势变化远大于 AD 点。再次平移探棒到 BC 之间，可以发现地电势变化仍很大，但是与 AB 处电压极性相反。这时可以做出判断故障点在 A、C 两点间，把探棒插到 AC 两点，并不断调整探棒位置，直到地电势不再变化为止，此时，两探棒位置的中垂面与电缆的交点即为故障点。

区分地电势本身变化，还是所加电流引起地电势变化很重要。地电势本身变化为单向递增或递减，变化较缓慢，数值较小。由所加电流引起的脉动量交替变化，地电势在几秒内迅速变化。

e）关掉高压电源，放电。

现场情况多种多样，透彻理解上述原理，可灵活应用，处理各种情况。

3．故障应急处理方法

（1）漏油。

1）充油电缆。由于铅包龟裂而发生漏油，可在龟裂处包缠10层阻水带＋10层绝缘自黏带＋5层PVC带进行紧急处理，待方便时停电后进一步处理。

由于外力破坏使铅包破裂发生漏油，必须紧急停电，先鉴定其破坏程度，如果破裂面积不大且绝缘屏蔽纸带没有遭到破坏，可采用以下处理办法：

a．用合适的铅皮在破裂处打补丁。

b．用封铅加厚一层。

c．包缠4层阻水带。

d．包缠4层绝缘自黏带。

e．收缩1层拉链式绝缘热缩管。

缺陷处理结束后应进行耐压试验，以做最后的绝缘鉴定。

2）电缆终端。

a．阀门堵头处漏油，可在阀门处关闭状态下，拧下堵头，在堵头螺纹上包缠数层生料带，再拧紧堵头。可以在不停电条件下进行，工作人员操作时对有电设备保持足够安全距离即可。

b．阀门处漏油，可先擦净漏油处的油渍，再用快速凝固堵漏胶在漏油处注射。可以在不停电条件下进行，工作人员操作时对有电设备保持足够安全距离即可。待方便时停电后更换新的阀门。

c．铜尾管或搪铅本体渗油，这种缺陷一般是由于部件中或搪铅中有砂眼造成的，可用合适的榔头在渗油点轻击数下。可以在不停电条件下进行，工作人员操作时对有电设备保持足够安全距离即可。待方便时停电后更换新的尾管和重新搪铅操作。

d. 金属护套与搪铅的接触面渗油，这种缺陷多是封铅与金属护套没能紧密接触造成的，可在渗油处包缠 10 层阻水带＋10 层绝缘自黏带＋5 层 PVC 带进行紧急处理，工作人员操作时对有电设备保持足够安全距离即可。待方便时停电后进一步处理。

（2）电缆附件的接地线发热。

1）接地线在永久接地点处发热，这种缺陷一般是接地点处螺栓松动造成的，可进一步拧紧螺栓。可以在不停电条件下进行，工作人员操作时戴绝缘手套并对有电设备保持足够安全距离即可。

2）中、低压电缆接地线在附件内接触点处发热，这种缺陷一般是由焊接不实、恒力弹簧松动造成。必须紧急停电，剥开电缆附件尾部的绝缘层，检查鉴定电缆屏蔽层和附件应力控制管的破坏程度，如果烧伤不严重，则可以重新连接接地线，并包缠 2 层阻水带＋3 层绝缘自黏带＋5 层 PVC 带，恢复电缆及附件的绝缘密封即可。

（3）空气终端瓷套管碎裂。由于线路检查时机械损伤，或雷击闪络等多种原因造成户外电缆终端瓷套管碎裂。不论发生一相、二相还是三相瓷套管损坏，都可以采用更换瓷套管的办法处理，而不需要将整个电缆终端锯掉重新制作。

（4）电缆故障后的修复。电缆线路发生故障（包括电缆预防性试验时击穿故障）后，必须立即进行修理，以免水侵入，扩大损坏范围。

运行中电缆发生故障可能造成电缆严重烧损，相间短路往往使线芯烧断，需要重新连接，但单相接地故障一般可进行局部修理。预防性试验中发生击穿的故障多半可进行局部修理。故障后的修复需掌握两项原则：① 电缆受潮部分应予清除；② 绝缘油有碳化应予更换，绝缘纸局部有碳化时应彻底清理干净。下面介绍两种常用的修复方法。

1）电缆单相接地故障后的修复。此类故障电缆芯导体的损伤通常只是局部的，一般可局部修理。最常用的方法是加添一只假接头，即不将电缆芯锯断，仅将故障点绝缘加强后密封即可。

2）电缆中间接头预试击穿后的修复。中间接头运行中绝缘强度逐渐降低，预防性试验电压较高，故此类故障较为常见。这种故障中间接头一般没有水的侵入，修复时可将接头拆开，在消除故障点后重新恢复。在拆接过程中，要检查电缆线芯绝缘是否受潮。如有潮气应彻底清除后才能复接。如潮气较多，而且已延伸到两侧的电缆内，若采用加长型的电缆接头套管还不够长时，则将受潮电缆切除，另敷一段电缆后制作两只中间接头。

（5）空气终端绝缘套管表面有污秽。由于自然界的尘土微粒等容易沉积在绝缘套管表面，对电缆终端的绝缘套管表面的绝缘性能有危害作用，严重时会引起表面闪络放电，即所谓的污闪，造成电缆线路跳闸，影响安全稳定运行。因此必须定期或随时清除绝缘套管表面的污秽，提高电缆线路运行安全性能。

1）清扫绝缘套管表面的尘土。这项工作在设备不停电时，可进行带电清扫，应拿装在绝缘棒上的油漆刷子，在人体和带电部分保持安全距离的情况下，将绝缘套管表面的污秽扫去，如果是电缆漏出的油等油性污秽，可在刷子上沾些丙酮擦除。在污秽地区或重要用户的终端，可视污染的情况，增加终端绝缘套管的清扫次数。带电清扫应使用绝缘良好的操作棒和刷子，操作时应特别注意人体和带电部分保持足够的安全距离，绝缘棒和刷子应有严格的使用和保养制度。

2）水冲洗。用绝缘水管，在人体和带电部分保持安全距离的情况下，通过水泵用高压水冲洗绝缘套管，将污秽冲去。这种方法对水质有一定的要求，要求冲洗用水的电阻不小于 $1500\Omega \cdot m$。

3）增涂防污闪涂料。一般用有机硅树脂（俗称硅脂）等效果较好，有机硅树脂涂料根据使用经验，其安全使用的周期可达一年之久。故这种方法是非常适用于污染特别严重的地区，一般它只能在停电时、绝缘套管清洁后，将涂料均匀地涂在表面上，以保证绝缘套管受污染后也能满足表面绝缘强度的要求。带电时也可涂刷，但操作上应和带电清扫一样要求，涂刷比较困难。

（6）终端的接点发热。

1）示温蜡片熔化，但接点的金属未变色，即未曾过热。这时可与调度联系通过一般正常申请停电方式，在获准后，根据接点的情况，重新擦好接点接触不良的部位和夹紧接触面或进行更换。

2）接点发红过热，这时情况非常紧急，应立即向调度申请紧急停电，避免事态扩大形成故障，待获准停电、更换好后汇报调度恢复送电。

（7）中低压电缆热缩或冷缩终端有缺陷。

1）表面有闪络痕迹，表面闪络多因距"地"距离不够或地区污秽程度严重，表面有污秽等原因所引起。如果是距"地"距离不够，停电后，去除闪络痕迹，在终端与"地"之间增加适当的绝缘隔板即可。如果污秽程度严重，停电后，去除闪络痕迹，增加1~2个防雨裙或涂硅油即可解决。

2）表面有裂纹时，这是由于材料不良或规格选用不当而引起的，在橡塑绝缘的电力电缆终端中，这种情况一般不会使终端的绝缘性能很快破坏，此时可根据裂纹的情况，申请停电，在停电后重新做终端，恢复送电。

（8）电缆外护套破损。在确认外护套内没有进水后，可以用两种方法恢复电缆外护套的绝缘。

1）热补。即用与外护套相同材料的补丁块以塑料焊枪热风吹焊，再在外面涂抹石墨层或包缠2层自黏半导电带+2层PVC带。

2）冷补。对试验电极无要求的外护套，包缠4层阻水带+8层绝缘自黏带+4层PVC带。对试验电极有要求的外护套，包缠4层阻水带+8层绝缘自黏带+2层半导电带+2层PVC带。

修补后的电缆外护套应做直流耐压试验或接地电阻试验。